浙江省中等职业教育示范建设课程改革创新教材

温室苗木繁育

蒋　森　沈德县　主编

朱学武　冷建红　沈敏飞　副主编

科学出版社

北　京

内 容 简 介

本书主要介绍观赏植物苗木繁育的理论知识和常见园林绿化苗木的繁育技术，包括园林苗圃的建设与管理、林木种子繁殖技术、苗木扦插繁殖技术和嫁接繁殖技术等内容。

本书既可作为中等职业学校园林技术专业的教学用书，也可作为园艺爱好者的自学用书。

图书在版编目（CIP）数据

温室苗木繁育/蒋森，沈德县主编. —北京：科学出版社，2018.11
（浙江省中等职业教育示范建设课程改革创新教材）

ISBN 978-7-03-058831-9

Ⅰ. ①温… Ⅱ. ①蒋… ②沈… Ⅲ. ①苗木-温室栽培-中等专业学校-教材 Ⅳ. ①S723.1

中国版本图书馆 CIP 数据核字（2018）第 212300 号

责任编辑：贾家琛 李 娜 / 责任校对：王万红
责任印制：吕春珉 / 封面设计：艺和天下

科学出版社出版
北京东黄城根北街 16 号
邮政编码：100717
http://www.sciencep.com

北京虎彩文化传播有限公司印刷
科学出版社发行 各地新华书店经销
*
2018 年 11 月第 一 版 开本：787×1092 1/16
2018 年 11 月第一次印刷 印张：6 1/4
字数：148 000

定价：25.00 元

（如有印装质量问题，我社负责调换〈虎彩〉）
销售部电话 010-62136230 编辑部电话 010-62135763-2041

前　　言

随着我国改革开放进程的不断加快和社会经济发展的不断提速，职业教育的作用已日益彰显。为深入贯彻全国职业教育“以生为本”的精神，立足新一轮课程改革和教学发展的需要，浙江省临海市高级职业中学采用“工学交替”的教学机制和“做中学”的学习机制，积极推进职业教育人才培养模式创新，加快园林技术专业的发展进程。为顺应中等职业教育改革的新形势，培养满足社会需求的园林技术类人才，编者编写了本书。

编者主要依托园林技术专业这个平台，将学生课上及课后在玻璃温室中学和做的过程记录下来并进行总结，内容安排上力求体现先进性、应用性、实践性和创新性，注重突出实效和能力培养，突出和强调指导性、可操作性和易自学性。

本书由蒋森、沈德县担任主编，朱学武、冷建红、沈敏飞担任副主编。在编写本书的过程中，浙江省临海市高级职业中学提供了温室设备支持，叶雪敏和杨依依两位温室管理教师也提出了很多专业性的建议，在此一并表示感谢。

由于编者水平有限，加之时间仓促，书中难免存在不足之处，恳请广大读者批评指正。

编　者

2018 年 5 月

目　　录

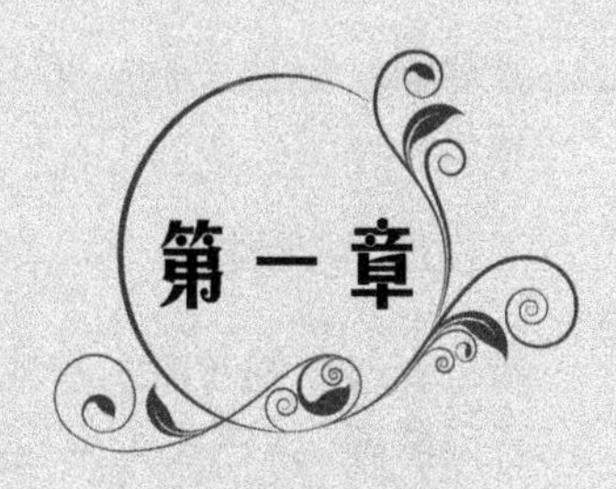

园林苗圃的建设与管理

第一节　园林苗圃的种类

随着国民经济的高速增长和城镇化进程的加快，以及全社会对环境建设的日益重视，园林绿化建设对苗木的需求量增长迅速。同时，社会经济结构也发生了重大变化，园林苗圃建设呈现出多样化的发展趋势。根据不同的划分依据，可将园林苗圃划分为不同类型。

一、园林苗圃按面积划分

园林苗圃按照面积可划分为大型苗圃、中型苗圃和小型苗圃。

1. 大型苗圃

大型苗圃面积在20hm^{2}以上，生产的苗木种类齐全，拥有先进设施和大型机械设备，技术力量强，常常承担一定的科研和开发任务，生产技术和管理水平高，生产经营期限长。

2. 中型苗圃

中型苗圃面积为3～20hm^2，生产的苗木种类多，设施先进，生产技术和管理水平较高，生产经营期限长。

3. 小型苗圃

小型苗圃面积在3hm^{2}以下，生产的苗木种类较少、规格单一，经营期限不固定，往往随市场需求变化而更换生产苗木种类。

二、园林苗圃按所在位置划分

园林苗圃按照所在位置可划分为城市苗圃和乡村苗圃。

1. 城市苗圃

城市苗圃位于市区或郊区，能够就近供应所在城市绿化用苗，运输方便，且苗木适应性强、成活率高，适宜生产珍贵的和不耐移植的苗木，以及露地花卉和节日摆放用盆花。

2. 乡村苗圃

乡村苗圃（苗木基地）是随着城市土地资源紧缺和城市绿化建设迅速发展而形成的新型苗圃，现已成为供应城市绿化建设用苗的重要来源。由于土地成本和生产成本较低，乡村苗圃适宜生产城市绿化用量较大的苗木，如绿篱苗木、花灌木大苗、行道树大苗等。

三、园林苗圃按育苗种类划分

园林苗圃按照育苗种类可划分为专类苗圃和综合苗圃。

1. 专类苗圃

专类苗圃面积较小，生产的苗木种类单一。有的只培育一种或少数几种要求特殊培育措施的苗木，如专门生产果树嫁接苗、月季嫁接苗等；有的专门从事某一类苗木生产，如针叶树苗木、棕榈苗木等；有的专门利用组织培养技术生产组培苗等。

2. 综合苗圃

综合苗圃多为大、中型苗圃，生产的苗木种类齐全、规格多样，设施先进，技术力量强，生产技术和管理水平较高，经营期限长，往往将引种试验与开发工作纳入其生产经营范围。

四、园林苗圃按经营期限划分

园林苗圃按照经营期限可划分为固定苗圃和临时苗圃。

1. 固定苗圃

固定苗圃规划建设生产年限通常在 10 年以上，面积较大，生产的苗木种类较多，机械化程度较高，设施先进。大、中型苗圃一般都是固定苗圃。

2. 临时苗圃

临时苗圃通常是在接受大批量育苗合同订单，需要扩大育苗生产用地面积时设置的苗圃。其经营期限仅限于完成合同任务，以后往往不再继续生产经营园林苗木。

第二节　园林苗圃建设的可行性分析与合理布局

园林苗圃建设是城市绿化建设的重要组成部分，是确保城市绿化质量的重要条件之

一。为了以最低的经营成本，培育出符合城市绿化建设要求的优良苗木，在进行园林苗圃建设之前，需要对其经营条件和自然条件进行综合分析。

一、园林苗圃建设的可行性分析

（一）园林苗圃的经营条件

1. 交通条件

建设园林苗圃要选择交通方便的地方，以便于苗木的出圃和育苗物资的运入。

在城市附近设置苗圃，交通相当方便，主要应考虑在运输通道上有无空中障碍或低矮涵洞，如果存在这类问题，必须另选地点。

乡村苗圃（苗木基地）距离城市较远，为了方便快捷地运输苗木，应当选择在等级较高的省道或国道附近建设苗圃，过于偏僻和路况不佳的地方不宜建设园林苗圃。

2. 电力条件

园林苗圃所需电力应有保障，在电力供应困难的地方不宜建设园林苗圃。

3. 人力条件

培育园林苗木需要的劳动力较多，尤其是在育苗繁忙季节需要大量临时用工。因此，园林苗圃应设在靠近村镇的地方，以便于调集人力。

4. 周边环境条件

园林苗圃应远离工业污染源，防止工业污染对苗木生长产生不良影响。

5. 销售条件

从生产技术方面考虑，园林苗圃应设在自然条件优越的地方，但同时也必须考虑苗木供应的区域。将苗圃设在苗木需求量大的区域范围内，往往具有较强的销售竞争优势，即使苗圃自然条件不是十分优越，也可以通过销售优势加以弥补。

（二）园林苗圃的自然条件

1. 地形、地势及坡向

园林苗圃应建在地势较高的开阔平坦地带，这样既便于机械耕作和灌溉，又有利于排水防涝。圃地坡度一般以 1°～3° 为宜，另外可根据不同地区的具体条件和育苗要求确定。在南方多雨地区，选择 3°～5° 的缓坡地对排水有利。在质地较为黏重的土壤上，坡度可适当大些；在沙质土壤上，坡度可适当小些。如果坡度超过 5°，容易造成水土流失，降低土壤肥力。地势低洼、风口、寒流汇集、昼夜温差大的地区，容易使苗木遭受冻害、风害、日灼等灾害，严重影响苗木生产，不宜选作苗圃地。

2. 土壤条件

苗木生长所需的水分和养分主要来源于土壤，植物根系生长所需要的氧气、温度也来源于土壤，所以，土壤对苗木的生长，尤其是对苗木根系的生长影响很大。因此，选择苗圃地时，必须认真考虑土壤条件。

土层深厚、土壤孔隙状况良好的壤质土（尤其是沙壤土、轻壤土、中壤土）具有良好的持水保肥和透气性能，适宜苗木生长。沙质土壤肥力低、保水力差、土壤结构疏松，在夏季日光强烈时表土温度高，易灼伤幼苗；带土球移植苗木时，因土质疏松，土球易松散。黏质土壤结构紧密，透气性和排水性能较差，不利于根系生长；水分过多易板结，土壤干旱易龟裂，实施精细的育苗管理作业有一定的困难。因此，选择适宜苗木生长的土壤，是建立园林苗圃、培育优良苗木的必要条件之一。

根据多种苗木生长状况，适宜的土层厚度应在50cm以上，含盐量（质量分数）应低于2‰，有机质含量（质量分数）应不低于2.5%。在土壤条件较差的情况下建立园林苗圃，虽然可以通过不同的土壤改良措施克服各种不利因素，但苗圃生产经营成本将会增大。

土壤酸碱度是影响苗木生长的重要因素之一，一般要求园林苗圃土壤的pH为6.0～7.5。不同的园林植物对土壤酸碱度的要求不同，有些植物适宜偏酸性土壤，有些植物适宜偏碱性土壤，可根据不同的植物进行选择或改良。

3. 水源及地下水位

培育园林苗木对水分供应条件要求较高，建立园林苗圃必须具备良好的供水条件。水源可划分为天然水源（地表水）和地下水源。

将苗圃设在靠近河流、湖泊、池塘、水库等水源附近，修建引水设施灌溉苗木，是十分理想的选择。但应注意监测这些天然水源是否受到污染和受污染的程度，避免水质污染对苗木生长产生不良影响。

在无地表水源的地点建立园林苗圃时，可开采地下水用于苗圃灌溉。这需要了解地下水源是否充足、地下水位的深浅、地下水含盐量高低等情况。如果在地下水源情况不明时选定了苗圃地，可能会给苗圃的日后经营带来难以克服的困难。如果地下水源不足，遇到干旱季节，则会因水量不足造成苗木干枯。地下水位很深时，打井开采和提水设施的费用增高，会增加苗圃建设投资。地下水含盐量高时，经过一定时期的灌溉，苗圃土壤含盐量升高，土质变劣，苗木生长将受到严重影响。因此，苗圃灌溉用水的水质要求为淡水，水中含盐量（质量分数）一般不超过1‰，最多不超过1.5‰。

4. 气象条件

地域性气象条件通常是不可改变的，因此，园林苗圃不能设在气象条件极端的地域。高海拔地域年平均气温过低，大部分园林苗木的正常生长受到限制。年降水量小、通常无地表水源、地下水供给也十分困难的气候干燥地区，不适宜建立园林苗圃。经常出现早霜冻和晚霜冻，以及冰雹多发的地区，会因不断发生灾害，给苗木生产带来损失，也不适宜建立园林苗圃。某些地形条件，如地势低洼、风口、寒流汇集处等经常形成一些灾害性气象，对苗木生长不利。虽然可以通过设立防护林减轻风害，或通过设立密集的绿篱防护带阻挡冷空气的侵袭，但这样的地点毕竟不是理想之地，一般不宜建立园林苗圃。总之，园林苗圃应选择气象条件比较稳定、灾害性天气很少发生的地区。

5. 病虫害和植被情况

在选择苗圃用地时，需要进行专门的病虫害调查。了解圃地及周边的植物感染病害和发生虫害情况，如果圃地环境病虫害曾严重发生，并且未能得到治理，则不宜在该地建立园林苗圃，尤其对园林苗木有严重危害的病虫害须格外警惕。另外，苗圃用地是否生长着某些难以根除的灌木杂草，也是需要考虑的问题之一。如果不能有效控制苗圃杂草，对育苗工作将产生不利影响。

二、园林苗圃建设的合理布局

1. 园林苗圃合理布局的原则

建立园林苗圃应对苗圃数量、位置、面积进行科学规划，如城市苗圃应分布于近郊，乡村苗圃（苗木基地）应靠近城市，以方便运输。总之，以育苗地靠近用苗地最为合理。这样可以降低成本，提高成活率。

2. 园林苗圃数量和位置的确定

大城市通常在市郊设立多个园林苗圃。设立苗圃时应考虑设在城市不同的方位，以便就近供应城市绿化需要。中、小城市主要考虑在城市绿化重点发展的方位设立园林苗圃。城市园林苗圃总面积应占城区面积的2%～3%。按一个城区面积1 000hm^{2}的城市计算，建设园林苗圃的总面积应为20～30hm^2。如果设立一个大型苗圃，即可基本满足城市绿化用苗需要。如果设立2～3个中型苗圃，则应分散设于城市郊区的不同方位。乡村苗圃（苗木基地）的设立，应重点考虑生产苗木所供应的范围。在一定的区域内，如果城市苗圃不能满足城市绿化需求，可考虑发展乡村苗圃。在乡村建立园林苗圃，最好相对集中，即形成园林苗木生产基地。这样对于资金利用、技术推广和产品销售十分有利。

第三节　园林苗圃的规划设计

一、园林苗圃用地的划分和面积计算

（一）园林苗圃用地划分

园林苗圃用地一般包括生产用地和辅助用地两部分。

1. 生产用地

生产用地是指直接用于培育苗木的土地，包括播种繁殖区、营养繁殖区、苗木移植区、大苗培育区、设施育苗区、采种母树区、引种驯化区等所占用的土地及暂时未使用的轮作休闲地。

2. 辅助用地

辅助用地又称非生产用地，是指苗圃的管理区建筑用地和苗圃道路、排灌系统、防护林带、晾晒场、积肥场及仓储建筑等占用的土地。

（二）园林苗圃用地面积计算

生产用地一般占苗圃总面积的75%～85%，大型苗圃生产用地所占比例较大，通常在80%以上，其余为辅助用地面积。

计算苗圃生产用地面积时应考虑以下几个因素：每年生产苗木的种类和数量；某树种单位面积产苗量；育苗年限（即苗木年龄）；轮作制及每年苗木所占的轮作区数。

计算某树种育苗所需面积，按该树种苗木单位面积产量计算时，可用如下公式：

$$S=\frac{NA}{n}\times\frac{B}{C} \quad (1\text{-}1)$$

式中：S——某树种育苗所需面积；

N——每年计划生产该树种苗木数量；

n——该树种单位面积产苗量；

A——该树种的培育年限；

B——轮作区的总区数；

C——该树种每年育苗所占的轮作区数。

例如，某苗圃每年出圃2年生紫薇苗50 000株，用3区轮作，每年1/3土地休闲，2/3土地育苗，单位面积产苗量为150 000株/hm^2，则

$$S=\frac{50\,000\times 2}{150\,000}\times\frac{3}{2}=1\ (\text{hm}^2)$$

目前，我国一般不采用轮作制，而以换茬种植为主，故B/C为1，所以此例中育苗所需用地面积为0.667hm^2。

按式（1-1）计算的结果是理论数字，在实际生产中移植苗木、起苗、运苗、储藏及自然灾害等都会造成一定损失，因此还需将每个树种每年的计划产苗量增加3%～5%的损耗，并相应增加用地面积，以确保如数完成育苗任务。计算出各树种育苗用地面积之后，再将各树种用地面积相加，再加上母树区、引种试验区、温室区等面积，即可得出生产用地总面积。

二、园林苗圃规划设计的准备工作

1. 踏勘

由设计人员会同施工人员、经营管理人员及有关人员到已确定的圃地范围内进行踏勘和调查访问工作，了解圃地的现状、地权地界、历史、地势、土壤、植被、水源、交通、病虫害、草害、有害动物，以及周围环境、自然村落等情况，并提出规划的初步意见。

2. 测绘地形图

地形图是进行苗圃规划设计的基本材料。进行园林苗圃规划设计时，首先需要测量并绘制苗圃的地形图。地形图比例尺为1∶(500～2 000)，等高距为20～50cm。与苗圃规划设计直接有关的各种地形、地物都应尽量绘入图中，重点是高坡、水面、道路、建筑等。目前，测绘部门已有现成的比例尺为1∶10 000或1∶20 000的地形图，由于地形、地物的变化，需要将现有的地形图按比例进行放大、修测，使其成为设计用图。

3. 土壤调查

了解圃地土壤状况是合理区划苗圃辅助用地和生产用地不同区域的必要条件。进行土壤调查时，应根据圃地的地形、地势、指示植物分布，选定典型地区，分别挖掘土壤剖面，进行详细观察记载和取样分析。一般在野外观察记载的有关项目主要包括土层厚度、土壤结构、松紧度、新生体、酸碱度、盐酸反应、土壤质地、石砾含量、地下水位等；采集土样后进行的室内分析项目主要包括土壤有机质、速效养分（氮、磷、钾）含量、机械组成、pH、含盐量、含盐种类等的测定。通过野外调查与室内分析，全面了解圃地土壤性质，重点了解清楚苗圃地土壤类型、分布、肥力状况，并在地形图上绘出土壤分布图。

4. 气象资料的收集

掌握当地气象资料不仅是进行苗圃生产管理的需要，也是进行苗圃规划设计的需要。例如，各育苗区的方位设置、防护林的配置、排灌系统的设计等，都需要气象资料作为依据。因此，有必要向当地的气象台或气象站详细了解有关的气象资料，如物候期、早霜期、晚霜期、晚霜终止期、全年及各月份平均气温、绝对最高气温和绝对最低气温、土表及50cm土深的最高温度和最低温度、冻土层深度、年降水量及各月份分布情况、最大一次降水量及降水历时数、空气相对湿度、主风方向、风力等。此外，还应详细了解圃地的特殊小气候等情况。

5. 病虫害和植被状况调查

病虫害和植被状况调查主要是调查圃地及周围植物病虫害种类及感染程度。对与园林植物病虫害发生有密切关系的植物种类，尤其需要进行细致调查，并将调查结果标注在地形图上。

三、生产用地和辅助用地的规划设计

（一）生产用地的规划设计

1. 作业区及其规格

生产用地面积占苗圃总面积的80%左右。为了方便耕作，通常将生产用地再划分为若干个作业区。所以，作业区可视为苗圃育苗的基本单位，一般为长方形或正方形。作业区长度依苗圃的机械化程度确定；作业区宽度依圃地土壤质地与地形是否有利于排水确定，并应考虑排灌系统的设置、机械喷雾器的射程、耕作机械作业的宽度等因素；作业区方向依圃地的地形、地势、坡向、主风方向、形状等情况确定。

小型苗圃一般使用小型农机具，每一作业区的面积可为0.2～1hm^2，长度可为50～200m。大、中型苗圃一般使用大型农机具，每一作业区的面积可为1～3hm^2（或更大些），长度可为200～300m。作业区的宽度一般可为40～100m，便于排水的地形与土壤质地可宽些，不便排水的可窄些；同时要考虑喷灌、机械喷雾、机具作业等要求达到的宽度。长方形作业区的长边通常为南北向。地势有起伏时，作业区长边应与等高线平行。地形的形状不规整时，可划分大小不同的作业区，同一作业区要尽可能呈规整形状。

2. 各育苗区的设置

苗圃生产用地包括播种繁殖区、营养繁殖区、苗木移植区、大苗培育区、采种母树区、引种驯化区（试验区）、设施育苗区等，有些综合苗圃还设有标本区、果苗区、温床区等。

（1）播种繁殖区

播种繁殖区是为培育播种苗而设置的生产区。播种育苗的技术要求较高，管理精细，投入人力较多，且幼苗对不良环境条件反应敏感，所以应当选择生产用地中自然条件和经营条件较好的区域作为播种繁殖区。人力、物力、生产设施均应优先满足播种育苗要求。播种繁殖区应靠近管理区；地势应相对较高而平坦，坡度小于2°；接近水源，灌溉方便；土质优良，深厚肥沃；背风向阳，便于防霜冻；如是坡地，则应当选择自然条件较好的坡向。

（2）营养繁殖区

在生产实践中，无法用种子繁殖的植物，或者用种子很难繁殖的植物，可以通过营养繁殖实现。选择土层深厚、地下水位较高、排灌方便的地段作为营养繁殖区。硬枝扦插育苗，要求土层深厚，土质疏松而湿润；嫩枝扦插育苗，需要插床和特殊扦插基质，对土层、土质要求不严，只需要背风向阳、接近水源、地势较高、利于排水便可。培育嫁接苗时，因为要使用实生苗砧木，所以，其营养繁殖区的标准与播种繁殖区的相同。压条繁殖和分株繁殖，可以利用零星的地块育苗。

（3）苗木移植区

苗木移植区是为培育移植苗而设置的生产区。由播种繁殖区和营养繁殖区中繁殖出来的苗木，需要进一步培养成较大的苗木时，则应移入苗木移植区进行培育。依培育规格要求和苗木生长速度，往往每隔 2～3 年再移植几次，逐渐扩大株距和行距，增加营养面积。苗木移植区要求面积较大、地块整齐、土壤条件中等。由于不同苗木种类具有不同的生态习性，对一些喜湿润土壤的苗木种类，可设在低湿的地段，而不耐水渍的苗木种类则应设在地势高、环境干燥而土壤深厚的地段。进行裸根移植的苗木，可以选择土质疏松的地段栽植，需要带土球移植的苗木则不能移植在沙质土壤的地段。

（4）大苗培育区

大苗培育区是为培育根系发达、有一定树形、苗龄较大、可直接出圃用于绿化的大苗而设置的生产区。在大苗培育区继续培养的苗木，通常在苗木移植区内已进行过几次移植，在大苗培育区培育的苗木出圃前一般不再进行移植，且培育年限较长。大苗培育区的特点是株距、行距大，占地面积大，培育的苗木大，规格高，根系发达，可直接用于园林绿化建设，满足绿化建设的特殊需要，利于加速城市绿化效果，保证重点绿化工程的提前完成。大苗的抗逆性较强，对土壤要求不太严格，但以土层深厚、地下水位较低的整齐地块为宜。为便于苗木出圃，大苗培育区应选在便于运输的地段。

（5）采种母树区

采种母树区是为获得优良的种子、插条、接穗等繁殖材料而设置的生产区。采种母树区不需要很大的面积和整齐的地块，大多是利用一些零散地块，以及防护林带和沟、渠、路的旁边等处栽植。

（6）引种驯化区

引种驯化区（试验区）是为培育、驯化由外地引入的树种或品种而设置的生产区（试验区）。需要根据引入树种或品种对生态条件的要求，选择有一定小气候条件的地块进行适应性驯化栽培。

（7）设施育苗区

设施育苗区是为利用温室、阴棚等设施进行育苗而设置的生产区。设施育苗区应设在管理区附近，主要要求用水、用电方便。

（二）辅助用地的规划设计

辅助用地是为苗木生产服务所占用的土地，所以又称非生产用地。苗圃辅助用地包括道路系统、灌溉系统、排水系统、防护林带、管理区建筑用房及各种场地等。进行辅助用地设计时，既要满足苗木生产和经营管理上的需要，又要少占土地。

1. 苗圃道路系统的设计

苗圃道路系统的设计主要应从保证运输车辆、耕作机具、作业人员的正常通行考虑，合理设置道路系统及其路面宽度。苗圃道路包括一级路、二级路、三级路和环路。

1）一级路，也称主干路。通常设置1条或相互垂直的2条，设计路面宽度一般为6～8m，标高高于作业区20cm。

2）二级路，也称副道、支道。通常与一级路垂直，根据作业区的划分设置多条，设计路面宽度一般为4～6m，标高高于作业区10cm。

3）三级路，也称步道。设在苗圃四周防护林带内侧，供机动车辆回转通行使用，设计路面宽度一般为2m。

4）环路，也称环道。通常设在苗圃四周防护林带内侧，供机动车辆回转通行使用，设计路面宽度一般为4～6m。

大型苗圃和机械化程度高的苗圃注重苗圃道路的设置，通常按上述要求分三级设置。中、小型苗圃可少设或不设二级路，环路路面宽度也可相应窄些。路越多越方便，但不能占地太多，一般道路占地面积为苗圃总面积的7%～10%。

2. 苗圃灌溉系统的设计

苗圃必须有完善的灌溉系统，以保证苗木对水分的需求。灌溉系统包括水源、提水设备、引水设施三部分。

（1）水源

水源分地表水和地下水两类。

地表水指河流、湖泊、池塘、水库等直接暴露于地面的水源。地表水取用方便，水量丰沛，水温与苗圃土壤温度接近，水质较好，含有部分养分成分，可直接用于苗圃灌溉，但需注意监测水质有无污染，以免对苗木造成危害。取水口的位置最好选在比用水点高的地方，以便能够自流给水。

地下水指井水、泉水等来自于地下透水土层或岩层中的水源。地下水一般含矿化物较多，硬度较大，水温较低，应设蓄水池以提高水温，再用于灌溉。取用地下水时，需要事先掌握水文地质资料，以便合理开采利用。钻井开采地下水宜选择地势较高的地方，以便于自流灌溉。钻井布点力求均匀分布，以缩短输送距离。

（2）提水设备

提取地表水或地下水一般均使用水泵。选择水泵规格型号时，应根据灌溉面积和用水量确定。

（3）引水设施

引水设施分渠道引水和管道引水两种。

1）渠道引水。修筑渠道是沿用已久的传统引水形式。土筑明渠修筑简便、投资少，但流速较慢，蒸发量和渗透量较大，且占用土地多，引水时需要经常注意管护和维修。

为了提高流速，减少渗漏，可对其加以改进，如在水渠的沟底及两侧加设水泥板或做成水泥槽，也有的使用瓦管、竹管、木槽等。

2）管道引水。管道引水是将水源通过埋入地下的管道引入苗圃作业区进行灌溉的引水形式，通过管道引水可实施喷灌、滴灌、渗灌等节水灌溉技术。管道引水不占用土地，也便于田间机械作业。喷灌、滴灌、渗灌等灌溉方式比地面灌溉节水效果显著，灌溉效果好，节省劳力，工作效率高，能够减少对土壤结构的破坏，保持土壤原有的疏松状态，避免地表径流和水分的深层渗漏。虽然管道引水投资较大，但在水资源匮乏的地区以管道引水、采用节水灌溉技术应是苗圃灌溉的发展方向。

3. 苗圃排水系统的设计

地势低、地下水位高、雨量大的地区，应重视排水系统的建设。排水系统通常分为大排水沟、中排水沟、小排水沟三级。排水沟的坡降略大于渠道，一般为3/1 000～6/1 000。大排水沟应设在圃地最低处，直接通入河流、湖泊或城市排水系统；中、小排水沟通常设在路旁；作业区内的小排水沟与步道相配合。在地形、坡向一致时，排水沟和灌溉渠往往各居道路一侧，形成沟、路、渠整齐并列格局。排水沟与路、渠相交处应设涵洞或桥梁。一般大排水沟宽1m以上，深0.5～1m；作业区内小排水沟宽0.3m，深0.3～0.6m。苗圃四周宜设置较深的截水沟，可防止苗圃外的水入侵，并且具有排除内水保护苗圃的作用。排水系统占地面积一般为苗圃总面积的1%～5%。

4. 苗圃管理区的设计

苗圃管理区包括房屋建筑和苗圃内场院等部分。房屋建筑主要包括办公室、宿舍、食堂、仓库、种子储藏室、工具房、车库等；苗圃内场院主要包括运动场、晒场、堆肥场等。苗圃管理区应设在交通方便、地势高、环境干燥的地方。中、小型苗圃办公区及生活区一般选择在靠近苗圃出入口的地方。大型苗圃为管理方便，可将办公区及生活区设在苗圃中央位置。堆肥场等应设在较隐蔽，但便于运输的地方。管理区占地面积一般为苗圃总面积的1%～2%。

防护林带和其他各种场地处要根据其功能进行规划设计，此处不再详述。

四、园林苗圃设计图的绘制和设计说明书的编写

（一）设计图的绘制

1. 绘制设计图前的准备工作

在绘制设计图前，必须了解苗圃的具体位置、界线、面积，育苗的种类、数量、出圃规格、苗木供应范围，苗圃的灌溉方式，苗圃必需的建筑、设施、设备，苗圃管理的组织机构、工作人员编制等。同时，应有苗圃建设任务书和各种有关的图纸资料，如现状平面图、地形图、土壤分布图、植被分布图等，以及其他有关的经营条件、自然条件、

当地经济发展状况资料等。

2. 绘制设计图

在完成准备工作的基础上，通过对各种具体条件的综合分析，确定苗圃的区划方案，以苗圃地形图为底图，在图上绘出主要道路、渠道、排水沟、防护林带、场院、建筑物、生产设施构筑物等。根据苗圃的自然条件和机械化条件，确定作业区的面积、长度、宽度、方向。根据苗圃的育苗任务，计算各树种育苗需占用的生产用地面积，设置好各类育苗区。这样形成的苗圃设计草图，经多方征求意见并进行修改，确定正式设计方案后即可绘制正式设计图。绘制正式设计图时应按照地形图的比例尺将道路、沟渠、林带、作业区、建筑区等按比例绘制在图上，排灌方向用箭头表示；在图纸上应列有图例、比例尺、指北方向等；各区应编号，以便说明各育苗区的位置。目前，各设计单位已普遍使用计算机绘制平面图、效果图、施工图等。

（二）编写设计说明书

设计说明书是园林苗圃设计的文字材料，它与设计图是苗圃设计两个不可缺少的组成部分。图纸上表达不出的内容，都必须在说明书中加以阐述。设计说明书一般分为总论和设计两个部分。

1. 总论部分

总论部分主要叙述苗圃的经营条件和自然条件，并分析其对育苗工作的有利和不利因素，以及相应的改造措施。

（1）经营条件

1）苗圃所处位置，当地的经济、生产、劳动力情况及其对苗圃生产经营的影响。

2）苗圃的交通条件。

3）电力和机械化条件。

4）周边环境条件。

5）苗圃成品苗木供给的区域范围，苗圃发展规划，建圃的投资和效益估算。

（2）自然条件

1）地形特点。

2）土壤条件。

3）水源情况。

4）气象条件。

5）病虫草害及植被情况。

2. 设计部分

（1）苗圃的面积计算

1）各树种育苗所需土地面积计算。

2）所有树种育苗所需土地面积计算。

3）辅助用地面积计算。

（2）苗圃的区划说明

1）作业区的大小。

2）各育苗区的配置。

3）道路系统的设计。

4）排灌系统的设计。

5）防护林带及防护系统（如围墙、栅栏等）的设计。

6）管理区建筑的设计。

7）设施育苗区温室、组培室的设计。

（3）育苗技术设计

1）培育苗木的种类。

2）培育各类苗木所采用的繁殖方法。

3）各类苗木栽培管理的技术要点。

4）苗木出圃技术要求。

五、园林苗圃各项目工程施工

1. 水、电、通信的引入和建筑工程施工

房屋的建设和水、电、通信的引入应在其他各项建设之前进行，因为水、电、通信是做好基建的先行条件，应最先安装引入。为了节约土地，办公用房、宿舍、仓库、车库、机具库、种子库等最好集中与管理区一起兴建，尽量建成楼房。组培室一般建在管理区内。温室虽然占用生产用地，但其建设施工也应先于圃路、灌溉等其他建设项目进行。

2. 圃路工程施工

苗圃道路施工前，先在设计图上选择两个明显的地物或两个已知点，定出一级路的实际位置，再以一级路的中心线为基线，进行苗圃道路系统的定点、放线工作，然后方可修建。苗圃路路面有很多种，如土路、石子路、灰渣路、柏油路、水泥路等。大、中型苗圃道路一级路和二级路的设置相对固定，有条件的苗圃可铺设柏油路或水泥路，或者将支路建成石子路或灰渣路。大、中型苗圃的三级路和小型苗圃的道路系统主要为土路。

3. 灌溉工程施工

用于灌溉的水源如果是地表水，应先在取水点修筑取水构筑物，安装提水设备。如果是开采地下水，应先钻井，再安装水泵。若采用渠道引水方式灌溉，一级和二级渠道的坡降应符合设计要求，因此需要进行精确测量，准确标示标高，按照标示修筑渠道。

修筑时先按设计的宽度、高度和边坡比填土，分层夯实，当达到设计高度时，再按照渠道设计的过水断面尺寸从顶部开掘。若采用水泥渠作为一级和二级渠道，修建的方法是先用修筑土筑渠道的方法，按设计要求修成土渠，然后在土渠底部和两侧挖取一定厚度的土（挖土厚度与浇筑水泥的厚度相同），在渠中放置钢筋网，浇筑水泥。若采用管道引水方式灌溉，要按照管道铺设的设计要求开挖 1m 以上的深沟，在沟中铺设好管道，并按设计要求布置好出水口。喷灌等节水灌溉工程的施工，必须在专业技术人员的指导下并严格按照设计要求进行，且应在通过调试能够正常运行后再投入使用。

4. 排水工程施工

一般先挖掘向外排水的大排水沟，挖掘中排水沟与修筑道路相结合，将挖掘的土填于路面。作业区的小排水沟可结合整地挖掘。排水沟的坡降和边坡都要符合设计要求。

5. 防护林工程施工

有关人员应在适宜季节营建防护林，最好使用大苗栽植，以便尽早形成防护功能。栽植的株距、行距按设计规定进行，栽后及时灌水，并做好养护管理工作，以保证成活和正常生长。

6. 土地整备工程施工

苗圃地形坡度不大者，可在路、沟、渠修成后结合土地翻耕进行平整，或在苗圃投入使用后结合耕种和苗木出圃等，逐年进行平整，这样可节省苗圃建设施工的投资，也不会造成原有表层土壤的破坏。坡度过大时必须修筑梯田，这是山地苗圃的主要工作项目，应提早进行施工。地形总体平整但局部不平者，按整个苗圃地总坡度进行削高填低，整成具有一定坡度的圃地。圃地中如有盐碱土、沙土、黏土，应进行必要的土壤改良。对盐碱地，可开沟排水，引淡水冲盐碱；对轻度盐碱地，可采取多施有机肥料、及时中耕除草等措施改良；对沙土，可采用掺黏土的措施改良；对黏土，可采用掺沙的措施改良。圃地中如有城市建设形成的灰渣、沙石等侵入体，应将其全部清除，并换入好土。

第四节　园林苗圃技术档案的建立

一、园林苗圃技术档案的主要内容

园林苗圃技术档案是苗圃生产和经营活动的真实记录。它包括苗圃基本情况档案、苗圃土地利用档案、苗圃作业档案、育苗技术措施档案、苗木生长发育调查档案、气象观测档案、科学试验档案、苗木销售档案等，这些档案要经常连续不断地记录、整理、统计分析和总结。

1. 苗圃基本情况档案

苗圃基本情况档案的内容主要包括苗圃的位置、面积、经营条件、自然条件、地形图、土壤分布图、苗圃区划图、固定资产、仪器设备、机具、车辆、生产工具，以及人员、组织机构等情况。

2. 苗圃土地利用档案

苗圃土地利用档案的内容以作业区为单位，主要记载各作业区的面积、苗木种类、育苗方法、整地、改良土壤、灌溉、施肥、除草、病虫害防治及苗木生长质量等基本情况。

3. 苗圃作业档案

苗圃作业档案以日为单位，主要记载每日进行的各项生产活动，以及劳力、机械工具、能源、肥料、农药等使用情况。

4. 育苗技术措施档案

育苗技术措施档案以树种为单位，主要记载各种苗木从种子、插条、接穗等繁殖材料的处理开始，直到起苗、假植、储藏、包装、出圃等育苗技术操作的全过程。

5. 苗木生长发育调查档案

苗木生长发育调查档案以年度为单位，定期采用随机抽样法进行调查，主要记载苗木生长发育情况。

6. 气象观测档案

气象观测档案以日为单位，主要记载苗圃所在地每日的日照长度、温度、降水、风向、风力等气象情况。苗圃可自设气象观测站，也可抄录当地气象台的观测资料。

7. 科学试验档案

科学试验档案以试验项目为单位，主要记载试验的目的、试验设计、试验方法、试验结果、结果分析、年度总结及项目完成的总结报告等内容。

8. 苗木销售档案

苗木销售档案主要记载各年度销售苗木的种类、规格、数量、价格、日期、购苗单位及用途等情况。

二、建立园林苗圃技术档案的意义

技术档案是对园林苗圃生产、试验和经营管理的记载。从苗圃开始建设起，即应作为苗圃生产经营的内容之一，建立苗圃的技术档案。苗圃技术档案是合理地利用土地资源和设施、设备，科学地指导生产经营活动，有效地进行劳动管理的重要依据。

三、建立园林苗圃技术档案的基本要求

建立园林苗圃技术档案，应遵循以下几条基本要求。

1）对园林苗圃生产、试验和经营管理的记载，必须长期坚持、实事求是，保证资料的系统性、完整性和准确性。

2）在每一生产年度末，应收集汇总各类记载资料，进行整理和统计分析，为下一年度生产经营提供准确的数据和报告。

3）应设专职或兼职档案管理人员，专门负责苗圃技术档案工作，人员应保持稳定，如有工作变动，要及时做好交接工作。

实训一　园林苗圃的参观与评价

一、实训目标

学生通过实地参观、调查、访问及测量训练，能够掌握园林苗圃地选择的依据和条件，掌握园林苗圃地各育苗区区划设计的方法，了解苗圃地建设的过程。

二、实训场所

新建园林苗圃或现存各种园林苗圃。

三、实训形式

学生以小组形式在教师的指导下进行实训。

四、实训材料

当地比例尺为1∶10 000的地形图，以及罗盘仪、皮尺、标杆、标尺、方格纸、绘图工具等。

五、实训步骤

1）集体参观新建苗圃或现存苗圃，了解全貌。

2）分小组测量生产用地、辅助用地的面积。

3）调查现存苗圃各育苗区的种类、数量、植株长势情况和辅助用地区划情况，填写苗圃生产用地和辅助用地情况统计表（表 1-1）。

4）调查当地的自然条件、周边环境等。

5）根据调查测量结果绘制出苗圃区划草图。

表 1-1　苗圃生产用地和辅助用地情况统计表

区别	面积/m^2	苗木种类	数量/棵	苗龄/年	苗高/cm
播种繁殖区					
营养繁殖区					
苗木移栽区					
大苗培育区					
采种母树区					
引种驯化区					
设施育苗区					
生产用地		—	—	—	—
道路用地		—	—	—	—
灌溉系统用地		—	—	—	—
排水系统用地		—	—	—	—
其他用地		—	—	—	—

六、实训报告

1）总结本次实训情况。通过对育苗地的地块进行实际测量，根据园林苗圃选择和规划理论知识，分析选址的优势和不利条件，对现在苗圃提出改进和建议。

2）根据苗圃场地的实际情况，绘制出苗圃区划草图。

实训二　园林苗圃规划设计

一、实训目标

学生通过实地调查、访问及测量训练，能够独立完成中、小型苗圃的规划设计。

二、实训场所

苗圃、园林专业绘图室。

三、实训形式

学生以小组形式在教师的指导下进行实训。

四、实训材料

当地比例尺为 1：10 000 的地形图，以及罗盘仪、皮尺、标杆、标尺、方格纸、绘图工具等。

五、实训步骤

1. 园林苗圃规划的准备工作及外业调查

这些工作主要包括踏勘、测绘地形图、土壤调查、病虫害调查、气象资料的收集等工作。

2. 园林苗圃规划设计的主要内容

1）生产用地规划。
2）辅助用地规划。

3. 绘制设计图及编写说明书

1）绘制设计图，设计图比例尺为 1：（500～2 000）。
2）编写设计说明书。

六、实训报告

每组提交一幅苗圃规划设计正式图纸。

林木种子繁殖技术

第一节　种 子 采 集

林木种子是林业生产中播种材料的总称，既包括植物学上所说的真正意义的种子，也包括果实，还包括果实或种子的一部分以及无融合生殖形成的种子等。

良种是指遗传品质和播种品质都优良的种子。

为了获得良种，应尽可能从种子基地采集，在采集过程中，必须能够识别种子的形态特征，了解种子成熟和脱落的规律，掌握种子采集的时期。

一、种子成熟

在成熟过程中，种子的内部会发生一系列复杂的生物化学变化，干物质会在种子内部不断积累，内部水分不断减少，最后种子内部几乎被硬化的合成产物所充满。在物理性状上，种子的成熟过程常表现为绝对总量的增加和含水量的下降，种子饱满，种皮组织硬化，透性降低；在外观形态上，种子随树种不同呈现出不同的颜色和光泽；在生理上，种胚有了发芽力。

1. 生理成熟

生理成熟是指营养积累到一定程度，种胚具有了发芽能力。其特点是种子含水量高，营养物质处于易溶状态，种皮不完全具有保护作用，不耐储藏。此时采集，种仁急剧收缩，不利于储藏，会很快丧失发芽能力，抗逆性低，易受微生物为害。

2. 形态成熟

形态成熟是指种子外部形态完全呈现出成熟特征，完成了胚发育过程，结束了营养物质的积累，含水量降低，营养物质转化为难溶的脂肪、蛋白质和淀粉，种子质量不再增加或增加很少，呼吸作用微弱，种皮致密、坚实，抗逆性强，已进入休眠，耐储藏。一般园林采种多是在形态成熟后采集。

注意：一般树种的种子是生理成熟在先，一段时间之后才达到形态成熟。但有的种子生理与形态成熟时间几乎一致，或相隔时间很短，如柳树种子（图 2-1）、泡桐种子（图 2-2）、榆树种子等。

图 2-1　柳树种子

图 2-2　泡桐种子

3. 生理后熟

生理后熟是指种子形态已达成熟，但种胚小，发育不完全，采集后经一段时间种胚才具有发芽能力，如银杏种子（图 2-3）、莲花种子（图 2-4）等。这类种子不能立即播种，需经适当条件下的储藏，采取一定措施才能正常发芽。

图 2-3　银杏种子

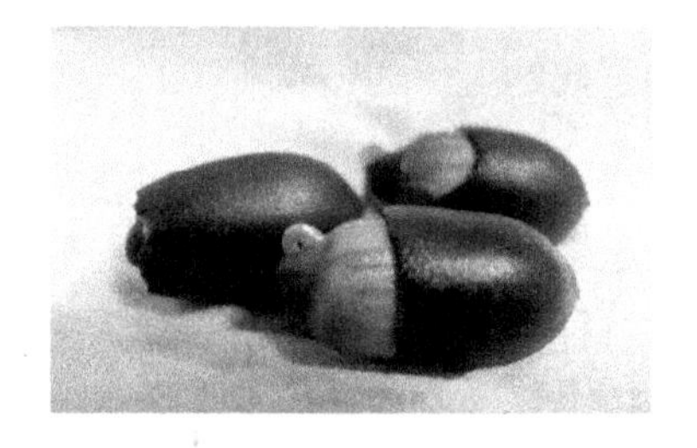

图 2-4　莲花种子

二、确定种子成熟期的方法

确定种子成熟期的方法有很多种，在这里介绍以下几种主要方法。

1. 根据果实外部特征确定种子的成熟期

各个树种的果实达到形态成熟会显现出各自不同的特征，因此可以通过种子的外部形态特征，即种子的外部颜色，果皮、种皮开裂程度等确定种子的成熟期。

（1）干果类

果皮由绿色转为黄色、褐色至紫黑色，果皮干燥、皱缩、硬化。其中蒴果和荚果的果皮因干燥而沿缝线开裂，如板栗种子（图 2-5）和红豆种子（图 2-6）等；皂角等树种的果皮上出现白霜；栎类树种的壳斗呈灰褐色，果皮呈淡褐色至棕褐色，有光泽。

图 2-5 板栗种子

图 2-6 红豆种子

（2）浆果类

果皮软化，果皮颜色发生变化（随树种不同而有较多的变化）。例如，樟、楠、山苍子等由绿色变为紫黑色；钩樟、山茱萸由绿色变成红色（图 2-7）；山核桃变为青黑色；山桃、山杏黄中带红；银杏呈黄色；女贞呈紫黑色（图 2-8）。不少浆果的果皮上会出现白霜。

图 2-7 山茱萸种子

图 2-8 女贞种子

（3）球果类

种鳞干燥、硬化、微裂、先端变色。例如，杉木、油松转为草绿色或黄色；马尾松（图 2-9）、油松、侧柏、云杉等变为黄褐色；落叶松（图 2-10）呈黄绿色。

图 2-9 马尾松球果

图 2-10 落叶松球果

另外，种子本身的某些物理性状也可用于判断成熟。一般来说，成熟时种皮应当坚硬紧实，颜色由浅转为深色，并有光泽。种子的内含物也应当比较硬实。针叶树的胚一般应当至少占据胚腔的3/4。

注意：利用形态特征判断成熟，简便易行，但要求观察人员具有丰富的经验。果实的外观随年份和立地条件的不同，也有自然变异。种子散落完毕的空球果在雨天还可以重新闭合起来。

2. 利用种子采收历史记录确定种子的成熟期

可以根据历年种子的成熟时间，来确定某一树种在某一地区的成熟期。例如，浙江台州地区的柳树种子在春末夏初成熟，4～5月采收为宜。

3. 利用密度测定法确定种子的成熟期

种子成熟过程中，果实的含水量不断下降。因此可以根据球果的密度来测定种子的成熟度，从而确定采种时期。我们可以用已知密度的各种液体配制成所需的浮测液（如密度为0.80g/cm^{3}的煤油、密度为0.93g/cm^{3}的亚麻油），在野外现场进行测定，摘下的球果应立即投入已知密度的液体，成熟的漂浮，不成熟的下沉。

三、种子的脱落和采种期

1）经久不落：刺槐、合欢、苦楝、女贞、香椿、国槐、悬铃木等可适当推迟采种。
2）立即脱落：易飞散小种粒应及时组织采集，如杨树、柳树、榆树等（蒴果、翅果）。
3）大粒种子：麻栎、七叶树、核桃、无患子、板栗可清理地面收集。
4）开裂后易飞散的小粒种子：如球果类杉木、马尾松、湿地松等，应及时采集。

四、采集方法

1）立木收集：从树上采种，可用摇落法或采摘法。
2）地面收集：适用大粒种，采种前清理地面，每隔1～2天收集一次。
3）水面收集：生长在水边的树种，如柳树、榆树种子落于水面，可在水面收集。
4）倒伐木采集：很少采用，可结合砍伐进行，但必须注意成熟期和采伐期一致。

五、常用工具

常用的采种工具有采种钩、采种叉、采种刀、采种钩镰、采种小锄、剪枝剪、高枝剪等。国外现在多采用升降机和振动机等进行机械采种。

第二节　种子的调制

刚采得的种子不适合储藏或播种，把采得的种子进行处理使其达到适合储藏或播种的程度的过程称为种子的调制。调制工序主要有干燥、脱粒、净重、分级、再干燥等。

一、球果的脱粒

球果经过干燥，鳞片失水后反曲开裂，种子即可脱出。

（一）自然干燥脱粒

自然干燥脱粒指通过日晒，使球果干燥，鳞片反曲开裂，种子脱出。

自然干燥脱粒方法：选择向阳、通风、干燥的地方，将球果放在席子、油布或场院上曝晒，并经常翻动，晚上或阴雨天将球果堆积加以覆盖。经过 3～10 天球果可开裂。

自然干燥脱粒适用于油松、落叶松、杉木、柳杉、湿地松、火炬松、加勒比松、侧柏等球果鳞片容易开裂的树种。冷杉属球果不要曝晒，阴干即可开裂脱粒。马尾松球果含松脂多，鳞片不易开裂，可在阴湿处进行堆沤，用 40℃左右的温水（凉水也可）或草木灰水淋浇球果堆，经过 10～15 天变成黑褐色，再摊晒并翻动，7～10 天后鳞片开裂，种子脱出。红松和华山松球果鳞片也不易开裂，球果干燥后，可置于木槽中敲打使种子脱出。

（二）人工干燥脱粒

1. 干燥室脱粒

采用干燥室脱粒，要把球果放入特制的房屋内进行干燥。干燥室一般设有加热间，加热间内装有加温设备（暖气、蒸汽管、电气加热设备等）。加热间的空气被灼热以后，通过排气进入干燥间。干燥间设有通风设备，能及时排出湿空气。干燥间内设有装球果的容器（网状滚筒、球果盘等）。当球果开裂时，种子落在盛种盘内，可随时运走。

现代化的球果干燥室可保证球果干燥的速度快、脱粒完全，实现从球果中取种的整个过程（干燥、脱粒、去翅、净种、分级）的机械化和自动化。

控制温度和空气湿度，是决定球果干燥速度和质量的主要条件。但是种子对高温的忍受力有一定的限度，超过一定限度会降低种子的质量，甚至会使种子丧失生命力。大多数种子干燥温度为 30～60℃，樟子松、马尾松不超过 55℃，落叶松、云杉以 45℃为好。干燥效果还与相对湿度密切相关，空气相对湿度一般控制在 20%～30%。

2. 减压干燥法脱粒

把球果放在低压高温的条件下干燥，即可达到缩短干燥时间的效果，因为减压后水的沸点会降低，种子内的水分便会加速蒸发。采用人为降低大气压力、提高温度的方法，能大幅度地加快球果干燥速度，缩短干燥的时间，减少高温对种子的伤害。

3. 人工干燥球果需要注意的问题

1）干燥过程中，一般要求有一个低温预干的过程。

2）升温时从低温逐渐升高到要求的最高温度。

3）干燥过程中要经常检查干燥室的温湿度，随时调节。

4）干燥后的球果要立即脱粒，并运出干燥室。即使是鳞片不易开裂的球果，也不宜长时间放在高温的干燥室中。

5）种子在热空气中停留时间越短越好，温度尽量低。

6）尽可能缩短种子的加工时间。

7）产地或采种期不同的球果，不能混在一起干燥。

二、干果的调制

干果（开裂的和不开裂的）的调制是使果实干燥，然后清除果皮、果翅，取出种子，并清除各种碎枝、残叶、泥石等混杂物。含水量高的干果一般用阴干法干燥，含水量低的可用晒干法干燥。

1. 蒴果类调制方法

含水率较高的蒴果，采集后应立即放入通风、干燥的干燥室进行干燥，使蒴果开裂以便脱粒。杨树、柳树等的蒴果含水量很高，一般用阴干法干燥后，再抽打蒴果使其脱粒；油桐、油茶等的果实含水量高，种粒大，不能晒，需在通风干燥处沤渍，然后脱去种皮；泡桐的果实含水量高，但种粒较小，可以适当日晒后脱粒。

2. 坚果类调制方法

坚果（如栎类、槠栲类、板栗、茅栗等）含水量较高，若曝晒容易失去生活力，采种后应及时进行水选，除去虫蛀粒，然后摊于阴凉通风处阴干；如虫蛀粒不多，可以不经水选，只用粒选即可。阴干时要经常翻动，厚度不超过 20cm，阴干到储藏湿度时即可储藏。

桦木、赤杨等小坚果可摊开（厚度 3～4cm）晒干，然后用木棒轻打或包在麻布袋内用木板揉搓取出种子。

3. 翅果类调制方法

某些树种（如油松、云杉、冷杉等）种子带有种翅（图 2-11），脱粒后除去种翅或果翅的过程称种子去翅。其目的在于减小种子体积，提高种子净度，以便于储藏、运输和播种。通常可以采用手工去翅（把种子装在口袋或其他容器中，然后用手揉搓去掉种翅）和去翅机去翅（常会伤害种子）两种方法去翅。

图 2-11　带种翅的种子

五角槭、色木槭、榆树、白蜡、水曲柳、臭椿、杜仲、枫杨等的种子采集后宜放在通风、阴凉的地方阴干，可不用除去果翅。

4. 荚果类调制方法

荚果类一般种皮保护性能较强，含水量较低，可通过曝晒使其自行开裂，或者用木棒敲打，使种子脱出。清除夹杂物，得纯净种子。

三、肉质果的调制

肉质果的果肉多，且含有较多的果胶、糖类、水分，容易发酵腐烂，因而必须及时调制。调制过程包括软化果肉、弄碎果肉、用水淘出种子，然后干燥与净种。种粒小、种皮薄的可揉搓去除果肉，如山葡萄等；种粒小、种皮厚的可用木棒捣碎果肉取种，如女贞等；银杏、楠木等可水浸软化种皮，木棒捣碎或擦去果肉阴干；核桃、油桐等可堆沤处理，使果肉与种子分离。肉质果中取出的种子应立即播种或阴干后储藏，忌曝晒。

四、净种及种粒分级

1. 净种

净种是指清除混杂在种子堆中的夹杂物（如鳞片、果皮、果柄、枝叶碎片等）、空瘪粒和破伤种子，提高种子净度的工作。净种的方法有风选、筛选、水选、手选等。

1）风选。风选适用于中小粒种子。由于饱满种子夹杂物的质量不同，可利用风力将其与种子分开。风选适用于多数树种的种子。风选的工具有风车、簸扬机、簸箕等。

2）筛选。根据种粒与夹杂物的直径大小不同，可用各种孔径不同的筛子将种子与夹杂物分开。

3）水选。马尾松、侧柏、柳杉、刺槐、栎类的种子适用水选。

4）手选。对于大粒种子可以进行手选。

2. 种粒分级

把一批种子按种粒大小加以分类的工作称为种粒分级。种粒的大小在一定程度上能反映种子的质量。通过种粒分级可以提高种子整齐度和利用率，减轻苗木的分化。方法：可以用筛孔大小不同的筛子进行分级，或者用分级器进行分级。

第三节　种 子 储 藏

为最大限度地保持种子的生活力，延长种子的寿命，通常要将种子从秋末保存到春播。

一、保持种子生活力的原理

呼吸作用的性质与强弱是影响种子生活力的关键。控制种子储藏的环境，控制种子的呼吸作用，使其处于最微弱的程度，消除种子变质的一切因素，才能最大限度地延长种子的寿命。保持种子生活力的关键是控制呼吸作用和种子的含水量。

1. 影响种子生活力的内在因素

1）种子的成熟度。未成熟的种子种皮不具保护作用，含水量高，呼吸作用强，易感病，不耐储藏。

2）种子的生理解剖性。淀粉、脂肪、蛋白质的能量不同，脂肪和蛋白质含量高的种子寿命长。

3）种子含水量。含水量直接影响呼吸作用和微生物活动，含水量高则呼吸消耗多，寿命短。因此，降低种子含水量，使呼吸作用减弱，能长期保持种子的生命力。种子的安全含水量是指维持种子生命活动所必需的含水量。

2. 影响种子生活力的环境条件

1）温度。种子适温为0～5℃，温度过高则呼吸作用加剧，温度过低则自由水会结冰使种子死亡。

2）湿度。种子具有吸湿性，湿度大能提高种子的含水量，加快呼吸作用，相对湿度为50%～60%较安全。

3）通气。通气条件对种子生命力影响的程度同种子本身的含水量有关。含水量低的种子，呼吸作用本来就很微弱，需氧极少，在密封条件下就可以长久地保存；含水量较高的种子贮藏时，要给以适量的通气，确保提供给种子所必需的氧气。

二、种子的储藏方法和运输

（一）种子的储藏方法

1. 干藏法

一般来说，干藏适用于安全含水量低的种子，绝大多数草本植物的种子需要干藏。干藏前种子一定要去除杂质、病粒和瘪种子，经风干后［含水量（质量分数）在 9%～13%，有些植物的种子含水量还要低］用通风良好的纱布袋装好，置于通风干燥的环境中储藏，或干燥后密封，置于冰箱中在 1～4℃条件下冷藏。要经常检查种子的储藏情况，发现发霉或受潮应及时处理。木本植物需要干藏的种子主要有杜鹃花属、枫香树属、山桐子、山茉莉属、领春木属等植物的小粒种子和蜡梅、白辛树属、喜树、秋枫及豆科植物的一些树种。

2. 沙藏法

沙藏法适用于不耐干燥的种子，即种子安全含水量较高的种子，种子过干就会失去发芽能力。一般湿藏结合越冬储藏，可使种子完成生理后熟作用，使硬皮种子种皮软化，有利于种皮的通透性，促进种子的萌发。

首先要进行种子处理，主要是洗净种子，去除种皮上带有的果肉，清除病粒、瘪粒等杂质，阴干（种皮干燥即可），并用 800 倍多菌灵药液浸泡 15min。其次是湿沙的准备，要用新的河沙，以减少病菌数量；河沙的颗粒最好稍粗一些，沙粒直径在 1mm 左右为好，有利于通气和排水，最好也用多菌灵处理；沙子的含水量以用手握紧沙子手指缝不滴水，手松开后沙子成团而不散开为宜。最后根据种子的数量选用合适的容器，种子量大时也可采取坑藏，在地势高、环境干燥、阴面、排水良好处挖坑，并在坑底铺粗沙或小石子，以利排水，而且坑底要在地下水位之上。种子和沙子成层（层积）或混合在一起，装入容器或坑中，所采用的容器要通风良好或留有通风孔，坑藏要有通风孔道；坑藏时，在离地面 20cm 时再覆盖湿沙，湿沙上再覆土使之高于周围地面，坑的四周还要挖排水沟，以防雨水灌入使种子腐烂。无论是容器沙藏还是坑藏，储藏期都要经常检查种子的储藏情况，发现有种子霉变或种子的温度高、湿度大时要及时处理，以防造成更大的损失；如在储藏期有种子萌发则要及时选出播种。

沙藏法适用于大多数木本植物的种子，如木兰属、含笑属、木莲属、杜英属、交让木属、紫茎属、山茶属、山茱萸属、松柏类植物、胡桃科、壳斗科、冬青科、小檗科、七叶树科、樟科、木樨科等科属植物的种子及珙桐、紫树、南天竹等植物的种子。槭树科的一些树种和马褂木的种子可干藏或湿藏，但湿藏更有利于保持种子的发芽率。

除以上两种主要储藏方式外，有些植物的种子还可水藏（如芡实），在北方有的种子还可雪藏。不同物种的种子休眠期不同，有的植物种子休眠期很短，可随采随播，如蜡梅、罗汉松的种子；有些植物的种子则必须要储藏一年半到两年才能萌发；由于种皮的限制，有些同种植物的种子休眠期不一致，会连续几年不断陆续萌发。因此，要根据不同物种的特性，采取适当的种子处理及储藏方式。

（二）种子的运输

种子在运输时，要妥善包装，做好防湿、防晒措施，尽量缩短运输时间，及时储藏在适宜的环境中。

三、种子品质检验

种子品质检验的目的是了解种子的质量和种子的实用价值。种子品质检验内容包括种子的净度、千粒重、发芽率、生活力、优良度的测定等。

1. 抽样（取样）样品的提取

抽样正确与否对种子品质检验分析十分关键。如果抽取的样品没有充分的代表性，无论检验工作如何细致、准确，其结果也不能说明整批种子的品质。为使种子检验获得正确结果并具有重演性，必须从检验的一批种子（或种批）中随机提取具有代表性的初次样品、混合样品和送检样品。尽力保证送检样品能准确地代表该批种子的组成成分。

2. 种子净度测定

种子净度指纯净种子质量占测定后样品各成分质量的总和的百分数，即供试种子的百分比。一般将测定样品分为纯净种子、废种子和夹杂物三部分。种子净度越高，杂物越少质量越好，耐储性强。而纯净度越低杂质多，不易保持发芽能力，使种子寿命缩短，因此在种子调制中要做好净种工作。

3. 种子发芽率测定

种子发芽率指在规定的条件下及规定的期限内，正常发芽的种子数占供试种子总数的百分比。测定步骤：消毒→催芽（浸种）→置床→观察记载→计算。发芽的判断标准：大粒种胚根为种子长度的一半，小粒种胚根与种子等长。以连续 5 天发芽率平均不足 1% 为发芽试验的结束期，发芽势测定的结束期为发芽试验天数的 1/3。

4. 种子生活力测定

1）靛蓝染色法。有生活力的种子其胚细胞的原生质具有半透性，有选择吸收外界物质的能力，某些染料（如苯胺染料）不能进入细胞内，胚部不染色（蓝色）。而丧失活力的种子其胚部细胞原生质膜丧失了选择吸收的能力，染料进入细胞内会使胚部染色。因此，可根据种子胚部是否染色来判断种子的生活力。

2）四唑染色法。凡有生活力的种子胚部在呼吸作用过程中都有氧化还原反应，而无生活力的种胚则无此反应。当四唑溶液渗入种胚的活细胞内，并作为氢受体被辅酶（如NADH、NADPH）还原时，可产生红色的三苯基甲，胚便染成红色。当种胚生活力下降或没有生活力时，呼吸作用明显减弱或停止，脱氢酶的活性也大大下降，胚的颜色变化不明显或不发生变化，故可由染色的程度推知种子的生活力。

5. 种子优良度测定

优良度是指优良种子数与供检种子总数的百分比。种子是否优良可通过感觉器官鉴定（如根据气味、颜色、形态判定，或通过解剖法观测），简单易行，可迅速得出结果。小粒种在浸泡后可采用挤压法判断种子的优劣。

1）解剖法。将种子纵向剖开，通过仔细观察种胚、胚乳和子叶的大小、色泽、健康状况等区分优良种子与劣质种子。

2）挤压法。该法适用于含油质多的种子和小粒种子（如桦木、泡桐的种子）的检验。可将种子用水煮10min，取出后放在两块玻璃片中间挤压，能压出颜色正常种仁的为优质种子，无种仁或种仁为黑色等不正常颜色的为劣质种子。

6. 种子含水量测定

种子含水量指种子所含水分质量占种子质量的百分比，一般采用烘干法（100～105℃加热烘去水分）测定。

7. 种子质量测定

种子质量测定是计算播种量不可缺少的条件。种子质量的测定方法有百粒法、千粒法和全量法三种。在气干状态下1 000粒纯净种子的质量称千粒重（以g为单位），其数值越大，种子质量越好。

8. 种子健康状况测定

种子健康状况主要是指种子是否携带病菌、病毒及害虫。测定方法有直观检查法、解剖法、密度测定法和X射线透视法。

第四节 播 种 技 术

一、播前处理

1. 机械破皮

破皮是开裂、擦伤或改变种皮的过程，目的是使坚硬和不透水的种皮（如山楂、樱桃、山杏等）透水透气，从而促进发芽。砂纸磨、锥刀铿、锤砸、碾子碾及老虎钳夹开种皮等适用于量少的大粒种子。对于量大的种子，则需要用特殊的机械破皮机。

2. 化学处理

种壳坚硬或种皮有蜡质的种子（如山楂、酸枣及花椒等），也可浸入有腐蚀性的浓硫酸（质量分数为95%）或氢氧化钠（质量分数为10%）溶液中，经过短时间的处理，使种皮变薄、蜡质消除、透性增加，利于萌芽。浸后的种子必须用清水冲洗干净。

用赤霉素（5～10μL/L）处理可以打破种子休眠，代替某些种子的低温处理。大量元素肥料（如硫酸铵、尿素、磷酸二氢钾等）可用于拌种，硼酸、钼酸铵、硫酸铜、高锰酸钾等微肥和稀土可用来浸种，质量分数为0.1%～0.2%。用质量分数为0.3%的碳酸钠和质量分数为0.3%的溴化钾溶液浸种，也可促进种子萌发。

3. 清水浸种

用水浸泡种子可软化种皮，除去发芽抑制物，促进种子萌发。一般有凉水（25～30℃）浸种、温水（55℃）浸种、热水（70～75℃）浸种和变温（90～100℃，20℃以下）浸种等多种浸种方法。后两种适用于有厚硬壳的种子，如核桃、山桃、山杏、山楂、油松等，可将种子在开水中浸泡数秒钟，再在流水中浸泡2～3天，待种壳一半裂口时播种，但切勿烫伤种胚。

4. 层积处理

层积处理，也称沙藏处理，具体是指将种子与潮湿的介质（通常为湿沙）一起储放在低温条件下（0～5℃），以保证其顺利通过后熟作用。春播种子常用此种方法来促进萌芽。

层积前先用水浸泡种子5～24h，待种子充分吸水后，取出晾干，再与洁净河沙混匀。沙的用量：中小粒种子一般为种子容积的3～5倍，大粒种子为种子容积的5～10倍。沙的湿度以手捏成团不滴水即可，约为沙最大持水量的50%。种子量大时宜采用沟藏法：选择背阴、地势高、环境干燥、不积水处，挖深50～100cm、宽40～50cm的沟，沟长视种子多少而定，沟底先铺5cm厚的湿沙，然后将已拌好的种子放入沟内，到距地面

10cm 处，用河沙覆盖，一般要高出地面呈屋脊状，上面再用草或草垫盖好。种子量小时可用花盆或木箱层积。层积日数因不同种类而异，如八棱海棠为 40～60 天，毛桃为 80～100 天，山楂为 200～300 天。层积期间要注意检查温、湿度，特别是春节以后更要注意防霉烂、过于或过早发芽，春季大部分种子露白时及时播种。

5. 催芽

催芽即临播种前保证种子吸足水分，促使种子中养分迅速分解运转，以供给幼胚生长所需。催芽过程的技术关键是保持充足的氧气和饱和空气相对湿度，以及为各类种子的发芽提供适宜温度。保水可采用多层潮湿的纱布、麻袋布、毛巾等包裹种子。可用火炕、地热线和电热毯等维持所需的温度，一般要求为 18～25℃。

6. 种子消毒

种子消毒可杀死种子所带病菌，并保护种子在土壤中不受病虫危害。消毒方法有药剂浸种和药粉拌种两种。药剂浸种用福尔马林 100 倍水溶液浸 15～20min、质量分数为 1%的硫酸铜溶液浸 5min、质量分数为 10%的磷酸三钠或质量分数为 2%的氢氧化钠溶液浸 15min。药粉拌种用质量分数为 70%的敌克松、质量分数为 50%的退菌特、质量分数为 90%的敌百虫，用量为种子质量的 0.3%。

二、播种

1. 播种时期

园艺植物的播种时期很不一致，随种子的成熟期、当地的气候条件及栽培目的不同而有较大的差异。一般可分为春播和秋播两种，春播从土壤解冻后开始，以 2～4 月为宜，秋播多在 8～9 月，至冬初土壤封冻前为止。温室蔬菜和花卉的播种时期没有严格季节限制，常随需要而定。露地蔬菜和花卉的播种时期主要是春秋两季。果树一般早春播种，冬季温暖地带可晚秋播。亚热带和热带可全年播种，以幼苗避开暴雨与台风季节为宜。

2. 播种方式

种子播种有大田直播和畦床播种两种方式。大田直播可以平畦播，也可以垄播，播后进行移栽，就地长成苗或作为砧木进行嫁接培养成嫁接苗出圃。畦床播一般在露地苗床或室内浅盆集中育苗，经分苗培养后定植田间。

3. 播种地的选择

播种地应选择有机质较为丰富、土地松软、排水良好的沙质壤土。播前要施足基肥，整地做畦、耙平。

4. 播种方法

（1）撒播

海棠、山定子、韭菜、菠菜、小葱等小粒种子多用撒播。撒播要均匀，不可过密，撒播后用耙轻耙或用筛过的土覆盖，以稍埋住种子为度。此法比较省工，而且出苗量多；但是出苗稀密不均，管理不便，苗子生长细弱。

（2）点播

点播（穴播）多用于大粒种子，如核桃、板栗、桃、杏、龙眼、荔枝及豆类等的播种。先将床地整好，开穴，每穴播种 2～4 粒，待出苗后根据需要确定留苗株数。该方法苗分布均匀，营养面积大，生长快，成苗质量好，但产苗量少。

（3）条播

条播即用条播器在苗床上按一定距离开沟，沟底宜平，沟内播种，覆土填平。条播可以克服撒播和点播的缺点，适宜大多数种子，如苹果、梨、白菜等。

5. 播种量

单位面积内所用种子的数量称播种量，通常用 kg/亩（1 亩≈667m^2）表示。播前必须确定适宜的播种量，在生产实际中播种量应视土壤质地松硬、气候冷暖、病虫草害、雨量多少、种子大小、播种方式（直播或育苗）、播种方法等情况，适当增加 0.5～4 倍。

6. 播种深度

播种深度依种子大小、气候条件和土壤性质而定，一般为种子横径的 2～5 倍。例如，核桃等大粒种子播种深度为 4～6cm，海棠、杜梨播种深度为 2～3cm，甘蓝、石竹、香椿播种深度以 0.5cm 为宜。总之，在不妨碍种子发芽的前提下，播种以较浅为宜，若土壤干燥，可适当加深。秋、冬播种要比春季播种稍深，沙土比黏土要适当深播。为保持湿度，可在覆土后盖稻草、地膜等。种子发芽出土后撤除或开口使苗长出。

三、播后管理

1. 出苗期的管理

种子播入土中需要适宜的条件才能迅速萌芽。发芽期要求水分足、温度高，可于播种后立即覆盖农用塑料薄膜，以增温保湿，当大部分幼芽出土后，应及时划膜或揭膜放苗。出苗前若土壤干旱，应适时喷水或渗灌，切勿大水漫灌，以防表土板结闷苗。

2. 间苗移栽

出苗后，如果出苗量大，应于幼苗长到 2～4 片真叶时进行间苗、分苗或直接移入大田。移栽太晚缓苗期长，太早则成活力低。移植前要采取通风降温和减少土壤湿度的措施来炼苗。移植前一两天应浇透水，以利起苗带土，同时喷一次防病农药。

3. 松土除草

为保持育苗地土壤疏松，减少水分蒸发，并防止杂草滋生，需要勤浅耕、早除草。可人工除草，也可机械除草，还可进行化学除草。除草剂以杂草刚刚露出地面时使用效果最好。一般苗圃 1 年用 2 次除草剂即可。第 1 次在播种后出苗前，移植和扦插圃地可在缓苗后喷施；第 2 次可根据除草剂残效期长短和苗圃地杂草生长情况而定。

4. 施肥灌水

幼苗生长过程中，要适时适量补肥、浇水。迅速生长期以追施或喷施速效氮肥（尿素、腐熟人粪尿）为主；后期增施速效磷、钾肥，以促进苗木组织健壮。

此外，苗圃病虫害很多，应及时进行喷药防治。

实例一　樟树种子繁育

1. 适时采种

香樟种子一般在 10～12 月成熟，因地区、气候、年龄不同而略有差异，在浙江省立冬至小雪期间成熟。成熟时，果皮由青变紫转至黑色，且柔软多汁，须立即采摘。过迟，则会被鸟啄食或掉落散失、变质，采不到种子；过早，则未充分成熟，处理困难，发芽力差，生命力弱。

2. 采种方法

一般情况下，人们喜欢用篾簟、竹盘、草席等铺在母树下，并用长杆轻击果枝，震落熟透了的果实，未熟的果实仍留在树上。这样既可分期采摘成熟了的果实，又不会损伤母树，影响来年产量。樟树果实着生于枝梢，利用采种器采集也极为方便。

3. 及时处理

香樟果实属于浆果状核果，容易发热、发霉、变质，要随采随处理，切忌堆积过久，否则发芽率很低。处理方法是将鲜果浸水 2～3 天，使果皮吸水软化，用机具除净果皮果肉；再拌草木灰脱脂 12～24h，洗净阴干后，即可运输、储藏。每 50kg 鲜果，一般可得纯种 12～15kg。每千克种子一般有 7 200～8 000 粒，发芽率一般为 70%～90%。

4. 种子储藏

用相对湿度为 30%的细沙与种子按 2∶1 的比例混合或层积，进行露天埋藏，效果也很好。露天埋藏法，即先将种子与湿沙混合或层积于竹筐中（种子层厚 2～4cm，沙层厚 3～5cm），然后选择土壤松软和排水良好的地方，整治好地面，挖 1～1.5m 深的土坑，坑的大小视竹筐多少而定。将其埋藏后，在坑的四周开好排水沟，在坑的中央插入一竹篾筒以利内外通气，在坑的上面再盖稻草或茅草，以防雨、雪、冰冻。另外，也可把种子与相对湿度为 30%的湿沙层积储藏于干燥通风、阴凉的屋内，使种子层厚 4～6cm、沙层厚 5～7cm，如此交互层叠，至高度为 60～70cm；或混沙放在木桶中储藏，效果也较好。

采用露天埋藏法储藏的种子比一般干藏的种子发芽率高，出芽整齐迅速，也比一般的快 10～15 天出土，1 年生的苗木也较健壮。

5. 播种

香樟树播种可撒播，也可条播，但以条播管理方便，苗木质量较高。只有采取嫩苗移植育苗的，才会采用撒播。

条播密度，以 25cm×6cm 的行距、株距较为合适（株距是定苗后的株距，下同），其苗高 34cm，根径长 8.24mm，分枝 1～3 枝，侧枝粗 1.8mm，亩产壮苗 2.4 万株，废苗率只有 9.9%。播种后用火土灰或腐殖土，也可用黄心土与较粗的糠末各半拌和做覆土，厚度以 2～3cm 为好。覆土后，要铺上覆盖物。覆盖材料以稻草为好，但用没有结子的其他杂草也行。其厚度为 1～2cm，每亩约 200kg。覆盖物要用东西压牢，以防大风吹走。

实例二　桂花种子繁育

1. 种子的采收

桂花种子为核果，长椭圆形，有棱，一般 4～5 月成熟。成熟时，种子外皮由绿色变为紫黑色，并从树上脱落。种子可以从树上采摘，也可以在地上捡拾，但要做到随落随拾，否则春季气候干燥，种子容易失水而失去播种价值。

2. 种子的调制

桂花种子采回后，要立即进行调制。成熟的果实外种皮较软，可以立即用水冲洗，洗净果皮，除去漂浮在水面上的空粒和小粒种子，拣除杂质，然后放在室内阴干。

注意：不要在太阳下晾晒，因为桂花种子种皮上没有蜡质层，很容易失水干瘪，从而失去生理活性。

3. 种子的储藏

桂花种子具有生理后熟的特性，必须经过适当的储藏催芽才能播种育苗。桂花种子储藏一般有沙藏和水藏两种方式：沙藏就是用湿沙层层覆盖；水藏就是把种子用透气而又不容易沤烂的袋子盛装，扎紧袋口，放入冷水（最好是流水）中。储藏后要经常检查，看种子是否失水或霉烂变质。沙藏种子的地点最好选在阴凉通风处，并堆放在土地或沙土地上，不要堆放在水泥地上。水藏的种子袋不要露出水面，夏天种子袋要远离水面的高温水层，以免种子发芽，受热腐烂。

4. 种子的检验和消毒

（1）检验

播种前要进行种子检验，剔除空壳种子和变质种子。然后用小刀随机切开若干饱满种子，观察种仁是否新鲜，有无生活能力。一般良好种子的种仁为乳白色。

（2）消毒

先将种子用清水洗净，然后放入质量分数为0.5%的高锰酸钾或质量分数为1%的漂白粉溶液中浸15～20min，接着滤去消毒药液余渣，再用清水冲洗后晾干播种；或者用质量分数为0.5%的福尔马林溶液浸种15min，倒去药液，密封闷种半小时，再用清水冲洗晾干后播种。

5. 催芽

为了使桂花种子能迅速而整齐地发芽，可将消毒后的种子放入50℃左右的温水中浸4h，然后取出放入箩筐内，用湿布或稻草覆盖，置于 18～24℃ 的温度条件下催芽。待有半数种子种壳开裂或稍露胚根时，就可以进行播种。在催芽的过程中，要经常翻动种子，使上层和下层的温度和湿度保持一致，以使出芽整齐。

6. 播种

次年 2～4 月初，当种子裂口露白时方可进行桂花播种育苗。一般采用条播法，即在苗床上做横向或纵向的条沟，沟宽 12cm、沟深 3cm；在沟内每隔 6～8cm 播 1 粒催芽后的种子。播种时要将种脐侧放，以免胚根和幼茎弯曲，影响幼苗的生长。在桂林地区，通常用宽幅条播，行距 20～25cm、幅宽 10～12cm，每亩播种 20kg，可产苗木 25 000～30 000 株。

播种后要随即覆盖细土，盖土厚度以不超过种子横径的 2～3 倍为宜；盖土后整平畦面，以免积水；再盖上薄层稻草，以不见泥土为度，并张绳压紧，防止盖草被风吹走；然后用细眼喷壶充分喷水，至土壤湿透为止。盖草和喷水可保持土壤湿润，避免土壤板结，促使种子早发芽和早出土。

7. 播种后培育管理

种子萌发后管理工作应及时跟上，以培养健壮的实生苗。在具体操作时应做好如下几项工作。

（1）揭草和遮挡阳光

当种子萌发出土后，在阴天或傍晚要适当揭草。揭草过早，达不到盖草目的；揭草过迟，会使幼芽折断或形成高脚苗。揭草应分次进行，并可将盖草的一部分留置幼苗行间，以保持苗床湿润，减少水分蒸发，防止杂草生长。

揭草后，进入夏季高温季节，应及时搭棚遮挡阳光，保持荫棚的透光度为40%左右，每天的遮挡阳光时间一般是上午盖，傍晚揭；晴天盖，阴雨天揭。到9月上旬或中旬，可以收起遮挡阳光用的芦帘。

（2）松土和除草

松土要及时进行，深度 2～3cm，宜浅不宜深，以防伤根。除草可结合松土进行，力求做到除早、除小、除了。此外，沟边、步道和田埂的杂草也要除净，以清洁圃地，消灭病虫滋生场所。

（3）间苗和补苗

桂花幼苗比较耐阴，生长速度又慢，一般不必间苗，适当移密补稀即可。移苗时不要损伤保留苗的根系，移苗后要进行一次灌溉，使苗根与土壤密切结合。

（4）灌排和施肥

夏秋干旱季节必须注意抗旱保苗，灌溉以早晨或傍晚进行为宜。采取速灌速排方法，水要浇透浇匀，雨季要加强清沟排渍，避免苗木受涝。

幼苗出土1个月以后，进入苗木旺盛生长时期。每月应浇施1次腐熟稀薄的厩肥液或氮素化肥[每 100kg 水掺兑 10kg 厩肥液（或 150～200g 尿素，或 300～400g 硫胺素）]。随着幼苗的生长，施肥浓度可以适当增加。入秋后，停止追肥，以防苗木徒长和遭受冻害。在追肥时，不要让肥液沾到幼苗上，避免伤苗。

（5）适时移栽

桂花 1 年生播种苗高 20～30cm，次年早春进行移植。2 年生苗高约 60cm，3 年生苗高约 1m 时，则要求再次进行移植。若用作庭荫树或干道树，一般要求培育 8～10 年，高度 2～3m，直径 8～10cm，才有利于栽后养护管理。

实例三　碗莲种子的播种

1. 播种时间

莲子无休眠期，只要水温能保持在 16℃以上，四季均可种植。

2. 种子处理

莲子的外壳坚硬密实，浸种前必须进行人工破口。莲子的一头有小突尖，一头有小凹点，把有小凹点的那一端用刀割破或用老虎钳夹破一小口（注意别伤到里面的果肉）。必须注意，破壳部分不能过大过多，如果莲子的硬壳全部去掉，胚芽就会失去保护，极易腐烂死亡。

3. 浸种催芽

夏季水温 20～30℃很适合莲子发芽，视种子多少用碗或盆盛水，以浸泡住种子为度，摆放在室内，每天换 1～2 次水，1 周内可以发芽。浸种后也可把浸种盆直接放置在阳光下催芽，不需要保温，生长也快。

4. 栽培管理

栽培的容器大小要适宜，太大不雅，太小太浅，则根系生长不好，不易开好，或花朵少而小。

栽培的土壤，可选用肥沃的湖泊泥、塘泥，拌和少量腐熟了的人粪尿或饼肥水，便可满足全年生长的需要。若基肥量过大，轻则叶茂花疏，重则种藕死亡。如果盆内的水变绿发黑，荷叶皱而不展，便是肥害的象征，应立即倒尽盆内肥水，连续用清水缓解。大苗生长期在施用液体追肥时，切勿沾污叶片与花蕾，以免烂叶烂花。

碗莲的水量要因时而异，小苗期要浅水，随着浮叶生长，逐渐提高水面，待立叶挺出后，盆内可以满水，厚约 6cm。夏季要勤浇水，如果失水，叶片会很快焦边，气温不高时，一次浇水也不宜过多，水太多，则水温、泥温降低，会影响植株生长发育，严重时，种藕会霉烂死亡。

碗莲喜阳光，应将花盆放在阳光充足处。若光线不足，会使荷叶徒长，绿色变淡，以致不能孕蕾开花。碗莲虽然耐寒，但藕娇嫩，且容器小，低温时，种藕易遭冻害。所以冬季浇水不可多，只要保持盆泥不干即可。待清明前后，翻盆取种藕，勿伤顶芽，换新土重新栽种。

苗木扦插繁殖技术

第一节　扦插基础知识

扦插是营养体繁殖的主要方法之一，具有繁殖速度快、方法简单、操作容易等优点。苗木经过剪截用于直接扦插的部分称为插穗，用扦插繁殖所得的苗木称为扦插苗。扦插繁殖方法简单、材料充足，可进行大量育苗和多季育苗，如今已经成为树木，特别是不结实或结实稀少的名贵园林树种的主要繁殖手段之一。扦插育苗和其他营养繁殖一样，具有成苗快、阶段发育老和保持母本优良性状的特点。但是，因插条脱离母体，必须给予适合的温度、湿度等环境条件才能成活，对一些要求较高的树种，还需采用必要的措施（如遮阴、喷雾、搭塑料棚等）才能成功。因此，扦插繁殖要求管理精细，比较费工。

一、扦插繁殖的机理

扦插繁殖用的插条、叶片、地下茎和根段能发芽，长叶、生根是由于植物的生活器官具有再生能力，而且构成植物器官的生活细胞都具有发育成一株完整植株的潜能。当植物的部分器官脱离母体时，只要条件适合，其再生能力和细胞的全能性就会发生作用，分化出新的根、茎、叶，而且总是在植物形态学下端生根。但不同植物的离体器官的生根部位不同，有些植物从下部切口的形成层先产生愈伤组织，再由愈伤组织形成根，如桂花、银杏、红豆杉等；有些植物直接由离体器官插入基质中的皮部先产生根，插条下部的切口形成的愈伤组织也形成不定根，这类植物扦插较易成活，如杨属植物、柳属植物、连翘属植物等。

注意：*并不是所有植物的营养器官都能形成新的植株。*

不同植物的再生能力不同，有些很容易生根，如栀子花、夹竹桃、小叶黄杨、大叶黄杨和金钟花等；有些很难生根，如玉兰类、泡桐和松属植物等。除此之外，母树的年龄、枝条的生长部位及生长状况等都影响插条生根。另外，植物能否生根还与环境条件、扦插季节、管理等有很大关系，条件适合，插条易于生根；条件不适合，插条不能生根，甚至会死亡。

二、插条的生根类型

植物插穗的生根，由于没有固定的着生位置，所以称为不定根。扦插成活的关键是不定根的形成，而不定根发源于一些分生组织的细胞群。这些分生组织的发源部位有很大差异，因植物种类而异。根据不定根形成的部位可分为两种类型：一种是皮部生根型，即以皮部生根为主，从插条周身皮部的皮孔、节（芽）等处发出很多不定根；另一种是愈伤组织生根型，即以愈伤组织生根为主，从基部愈伤组织，或从愈伤组织相邻近的茎节上发出很多不定根。这两种生根类型的生根机理是不同的，从而在生根难易程度上也不相同。但也有许多树种的生根是处于中间状况，即综合生根类型，其愈伤组织生根与皮部生根的数量相差较小，如杨、葡萄、夹竹桃、金边女贞、石楠等。

1. 皮部生根型

皮部生根型的插条都存在根原始体或根原基，其位于髓射线的最宽处与形成层的交叉点上。这是由于形成层进行细胞分裂，向外分化成钝圆锥形的根原始体、侵入韧皮部，通向皮孔。在根原始体向外发育过程中，与其相连的髓射线也逐渐增粗，穿过木质部通向髓部，从髓细胞中取得营养物质。这种皮部生根较迅速，生根面积广，与愈伤组织没有联系，一般属于易生根树种。

2. 愈伤组织生根型

愈伤组织生根型的插条，其不定根的形成要通过愈伤组织的分化来完成。首先，在插穗下切口的表面形成半透明、具有明显细胞核的薄壁细胞群，即为初生愈伤组织。初生愈伤组织细胞继续分化，逐渐形成和插穗相应组织发生联系的木质部、韧皮部和形成层等组织。最后充分愈合，在适宜的温度、湿度条件下，从愈伤组织中分化出根。因为这种生根需要的时间长，且生长缓慢，所以凡是扦插成活较难、生根较慢的树种，其生根部位大多是愈伤组织生根。

此外，插条成活后，由上部第一个芽（或第二个芽）萌发而长成新茎，当新茎基部被基质掩埋后，往往能长出不定根，这种根称为新茎根。

三、扦插基质的选择

扦插基质对插条生根影响很大，根据扦插基质不同，扦插方式可分为壤插、水插和喷雾扦插（气插）三种。

1）壤插，又称基质扦插，是应用最广的扦插方式，其扦插基质主要有珍珠岩、泥炭、蛭石、沙等材料，也有的使用炉渣或直接扦插于土壤中。根据不同植物对基质湿度和酸碱度的要求按不同比例配制扦插基质，酸性植物如杜鹃、山茶等用泥炭的比例大，珍珠岩的比例适当减少。泥炭可以保持水分，同时泥炭中含有大量的腐殖酸，可促进植物生根。选择半腐殖化、较粗糙的泥炭再配上粗沙和大颗粒的珍珠岩，配制的基质有利于通气和排水，也有利于根系的形成。

2）水插，即用水作为扦插基质，将插条基部 1～2cm 插入水中。水必须保持清洁，且需经常更换，水插产生的不定根较脆，当它长到 2～3cm 时就可移栽或上盆。常采用水插的植物有栀子、桃叶珊瑚等。

3）喷雾扦插（气插），也称无机质扦插，适用于皮部生根类型的植物。具体方法是将木质化或半木质化的枝条固定在插条固定架上，定时向插条喷雾。喷雾扦插能加速生根和提高生根率，但在高温高湿条件下易于染病发霉。

四、扦插方法及技术

根据扦插材料可把扦插分为三类：枝插，用植物的枝或茎段做扦插材料；叶插，利用叶片肥厚植物的叶脉或叶柄易形成不定根的植物的叶片进行扦插；根插，利用植物的根系进行扦插。

（1）枝插

枝插是以茎段为插穗进行扦插的技术，根据扦插季节的不同又可以分为嫩枝扦插和硬枝扦插。嫩枝扦插是在生长季节进行的，插穗是未完全木质化的枝条。而硬枝扦插是在休眠期或生长初末期进行的，插穗是完全木质化的枝条。

1）嫩枝扦插，又称绿枝插。插穗采自当年生长发育完善的、尚未木质化的半成熟枝条，大多数植物于 5 月至 7 月上旬扦插。插穗一般应保留 2～3 个叶片，以促生根，如叶片过大，可剪去一半。插穗剪口应在节下 1mm 左右，伤口要削平。

2）硬枝扦插，是选取一二年生落叶、茁壮、无病虫害的枝条，剪成 3～4 节长 10cm 左右的插穗，插入繁殖床。培育苗木的方法：一般扦插枝条的长度在 10cm 左右为宜，扦插深度为插条的 1/3～1/2。插穗应去掉下部的叶片，只保留上部 2～3 片叶为宜，有的品种只留 1 片或半片叶（如橡皮树、琴叶榕等）。目前多采用生长素（如萘乙酸、2,4-二氯苯氧乙酸）促进生根，使用浓度因材料而异。硬枝扦插的成功率比嫩枝扦插稍低。

（2）叶插

叶插是用全叶或一部分叶作为插穗的一种扦插法，发根的部位有叶脉及叶柄。可以用叶插的草本花卉种类较多，如海棠类、景天类、虎尾兰类、百合类、大岩桐和非洲紫罗兰等。扦插时将整个叶片或叶片切片，直插、斜插或平放在基质上，平放时也要向叶片基部覆少量的基质。和嫩枝扦插一样，加强温度和湿度管理，会很快从叶脉或叶柄处长根发芽，形成新植株。如秋海棠叶插，可将叶片上叶脉切断数处，平放在插床上，叶脉切断处即发根，再长出幼芽。

（3）根插

根插，即用根作为插穗，适用于宜从根部生发新梢的种类，如芍药、凌霄、垂盆草等。扦插时要选粗壮根，剪成 5～10cm 的小段，插入插床内或全部埋入插床上；对于细小的草本植物，可将根切成 2cm 的小段，用撒插的方法撒于床面，再覆土，插后浇水，以保持床土湿润。

五、扦插环境条件的控制

影响扦插苗生根的环境因素主要有空气湿度、光照和温度。

1. 空气湿度控制

影响扦插繁殖的湿度条件主要是空气湿度和基质湿度，一般来说基质湿度相对要低，而空气湿度相对要高，这样可以降低插条叶片水分蒸腾，又不因基质水分过多引起插条腐烂。国内外扦插湿度控制多采用全光照喷雾，尤其对嫩枝扦插，效果很好。喷雾时应选择雾滴很细的喷头、电磁阀和湿度控制器。电磁阀的大小及数量根据扦插的面积分区而定。

2. 光照控制

光照有促进植物生根的作用，只要空气湿度和土壤湿度控制得好，一般植物都采用全光照喷雾扦插；如果条件不允许，可根据扦插植物对光照的要求，通过选用合适密度的遮阳网遮光来满足植物的需要，并且可在遮阳网下再扣塑料棚用以保湿。在有外遮阳设施的塑料大棚内，扦插效果会更好。

3. 温度控制

温度对插条生根影响很大。不同产地的植物对生根的温度要求不同，原产热带的植物所需生根的适宜温度比温带植物要高，常绿树种比落叶树种要高。春季的硬枝扦插因温度适宜，植物的愈伤组织活动旺盛，插条较易生根；秋冬季扦插因温度较低（尤其在北方），需适当加温以促进生根；夏季的嫩枝扦插因温度高、湿度大，应采取喷雾或遮挡阳光降温的措施，以防枝条腐烂。

六、插后管理

插后管理主要是指湿度、光照、温度控制。光照影响到插条生根的速度，在全光照喷雾条件下扦插可不用遮阴。如条件不允许，可根据植物的耐阴程度进行适当遮阴，按植物对光照的反应分区扦插，分区遮阴。一般来说，硬枝扦插在春季芽未萌动、温度较温和时进行，有利于生根；除少数高温地区外，嫩枝扦插时的温度可通过选择扦插时期来调节，或采用喷雾降温、水帘风机降温。高温高湿极易引起植物发病，若温度高、湿度过大，插条易生病腐烂；湿度过低，插条会干枯死亡。因此，在调节喷雾时，首先要保证叶片湿润，不萎蔫，同时要特别注意检查基质的含水量。最简单的方法是用手抓一把基质，握紧，指缝不滴水，手松开后基质不散开或稍有裂缝，表明基质含水量适宜；

如果握紧时指缝滴水，说明含水量过高，应控制喷雾；若基质散开，说明含水量过低，应喷雾补水。不同植物对湿度的适应性不同，故应根据植物对湿度的需求分区扦插。

第二节　草本植物扦插

一、露草

1. 形态特征

露草（图 3-1）为多年生常绿蔓性肉质草本。枝长 20cm 左右，叶对生，肉质肥厚、鲜亮青翠。枝条有棱角，伸长后呈半葡萄状。枝条顶端开花，花为深玫瑰红色，中心淡黄，形似菊花，瓣狭小，具有光泽，自春至秋陆续开放。

图 3-1　露草

2. 生态特点

露草喜阳光，适宜干燥、通风环境。忌高温多湿，喜排水良好的沙质土壤。生长适宜温度为 15～25℃。夏季最好放在干燥的室内，或者棚室内，且夏季不宜繁殖，易腐烂，成苗质量也差。

3. 栽培管理

扦插成活后的露草在阴棚内养护 2～3 个月后就可以移入绿地中栽培，以红壤土为佳，光照和排水条件良好，株距以 25～30cm 为宜，按常规绿地管护标准进行养护，2～3 个月可形成致密地被。注意打头摘心，剪去影响株形的枝条，摘除枯烂的叶片，以保持株形完美。10 月以后减少浇水，以控制植株生长，利于越冬。

4. 繁殖方法

扦插、分株均能繁殖。一般采用扦插繁殖，可于春、夏、秋季进行，以夏、秋季为佳。一般选择在雨季或阴天进行，扦插成活率都比较高。

选择健壮无病虫害的植株，取中上部茎段，剪成 12cm 左右的小段（上剪口在芽上方 1cm 左右处，下剪口在基部芽下方 0.1～0.3cm 处），插穗剪下后应晾 1 天左右，等切口干燥后蘸取生根粉后扦插于细沙上。将插穗斜插于苗床或营养袋中，深度为全长的1/2～2/3，扦插密度以株行距 3～4cm 为宜（图 3-2）。扦插后，水分含量应保持插床表层土壤潮湿，防止过干过湿，以利植物生长。一般要求棚内相对湿度为 75%～95%，一般 3 周后伤口愈合并逐渐生根。

图 3-2 露草的扦插

二、长寿花

1. 形态特征

长寿花（图 3-3）为常绿多年生草本多浆植物。植株小巧，茎直立，株高 10～30cm。叶对生，厚肉质，叶片密集翠绿，有光泽，长圆状匙形或椭圆形。圆锥状聚伞花序，挺直，花序长 7～10cm。每株有花序 5～7 个，着花 60～250 朵。花小，高脚碟状，花瓣 4 片，花朵色彩丰富，有绯红、桃红、橙红、黄、橙黄和白等。果实为蓇葖果。

图 3-3 长寿花

2. 生态特点

长寿花原产于非洲马达加斯加，喜温暖稍湿润和阳光充足环境。不耐寒，生长适温为 15～25℃，室温超过 30℃，则生长受阻；低于 5℃，叶片发红，花期推迟。冬春开花期，如室温超过 24℃，会抑制开花；如温度在 15℃左右，则开花不断。耐干旱，对土壤要求不高，以肥沃的沙质土壤为好。对光周期反应比较敏感。生长发育好的植株，给予短日照（每天光照 8～9h），处理 3～4 周即可出现花蕾开花。

3. 栽培管理

在稍湿润环境下生长较旺盛，节间不断生出淡红色气生根。过于干旱或温度偏低，生长减慢，叶片发红，花期推迟。盛夏要控制浇水，注意通风；若高温多湿，叶片易腐烂、脱落。生长期每半月施肥 1 次。为了控制植株高度，要进行 1～2 次摘心，促使多分枝、多开花。为控制株高，可于定植 2 周后用质量分数为 0.2%的比久溶液喷洒 1 次，株高 12cm 时再喷 1 次，达到株美、叶绿、花多的效果。

4. 繁殖方法

在 5～6 月或 9～10 月进行繁殖效果最好（图 3-4）。选择稍成熟的肉质茎，剪取 5～6cm 长，插于沙床中，浇水后用薄膜盖上，室温控制在 15～20℃，插后 15～18 天生根，30 天能盆栽（常用 10cm 盆）。

图 3-4　长寿花的繁殖

如种苗不多，可用叶片扦插。将健壮的叶片从叶柄处剪下，待切口稍干燥后斜插或平放沙床上，保持湿度，10～15 天后可从叶片基部生根，并长出新植株。

三、蟹爪兰

1. 形态特征

蟹爪兰（图 3-5）为附生肉质植物，常呈灌木状，无叶。茎无刺，多分枝，常悬垂，老茎木质化，稍圆柱形，幼茎及分枝均扁平；每一节间呈圆形或倒卵形，长 3～6cm，宽 1.5～2.5cm，鲜绿色。花单生于枝顶，玫瑰红色，长 6～9cm；花萼一轮，基部短筒状，顶端分离；花冠数轮，下部长筒状，上部分离，越向内则筒越长；浆果梨形，红色，直径约 1cm。

图 3-5　蟹爪兰

2. 生态特点

蟹爪兰性喜凉爽、温暖的环境，较耐干旱，怕夏季高温炎热，较耐阴。喜欢疏松、富含有机质、排水透气良好的基质。蟹爪兰属短日照植物，每天日照 8～10h 的条件下，2～3 个月即可开花，可通过控制光照来调节花期。

3. 栽培管理

蟹爪兰生长适宜温度为 25℃左右，超过 30℃进入半休眠状态。冬季室温保持在 15℃左右，不得低于 10℃；开花期温度以 10～15℃为好，并移至散射光处养护，以延长观赏期。肥水过量可能使植株死亡，入秋到开花可适量增多水肥。夏季选择通风透光的遮阴处放置，应少浇水，且忌淋雨，以免烂根。生长季节保持盆土湿润，避免过干或过湿。空气干燥时喷叶面水，特别是孕蕾期喷叶面水有利于多孕蕾。一般于 3～4 月隔年换盆一次，盆土以疏松肥沃、通透性好的微酸性土为宜，同时疏间生长衰弱、过密的枝条，并适度短截，以利萌生嫩壮新枝、开花繁盛。

4. 繁殖方法

如图 3-6 所示，取 3～5 节成熟茎节作为插穗，取下的茎节随即去除形状不正、破碎及有病虫的茎节，随后将枝条晾 2～3 天，伤口充分晾干方可扦插。扦插深度为插穗长度的 1/2 左右，插时需保持插穗直立。插后统一浇水，水量应控制在使基质潮润即可。扦插后进行遮光，插穗一般 10～15 天开始生根，此时覆盖物可逐渐晚盖、早揭，逐步见光，至根系基本形成方可去除覆盖。在此期间，根据大气及基质的干湿情况，适当浇水，在根系未形成前，严格控制浇水量。扦插一个半月后方可施肥。

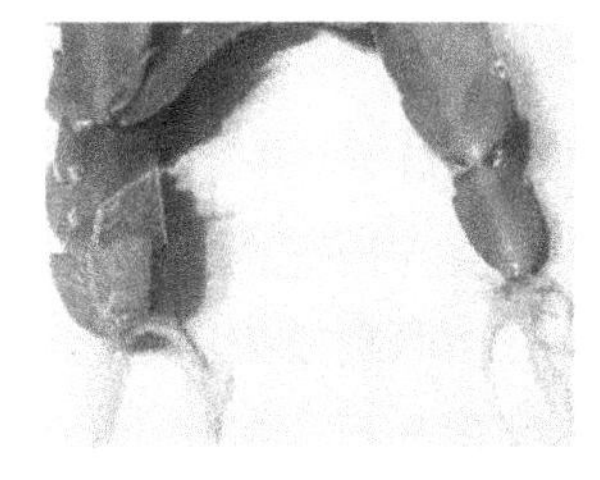

图 3-6　蟹爪兰的繁殖

四、虎皮兰

1. 形态特征

虎皮兰（图 3-7）为多年生草本观叶植物，有横走根状茎。叶簇生，直立，硬革质，扁平，长条状披针形，长 30～120cm，宽 3～8cm，有浅绿色和深绿色相间的横向斑纹，稍被白粉，边缘绿色。总状花序，花白色至淡绿色，有一股甜美淡雅的香味，花期春夏季。

图 3-7　虎皮兰

2. 生态特点

虎皮兰适应性强，性喜温暖湿润，耐干旱，喜光又耐阴。对土壤要求不严，以排水性较好的沙质土壤较好。生长很健壮，即使布满了盆也不抑制其生长。

3. 栽培管理

喜阴，也较喜光，但光线太强时，叶色会变暗、发白。喜温暖气候，其适宜温度是 18～27℃，低于 13℃即停止生长。冬季温度也不能长时间低于 10℃，否则植株基部会发生腐烂，造成整株死亡。浇水太勤，会导致叶片变白，斑纹色泽也变淡。由春至秋生长旺盛，应充分浇水。冬季休眠期要控制浇水，保持土壤干燥，浇水要避免浇入叶簇内。生长盛期，每月可施 1～2 次肥，施肥量要少，一般使用复合肥。一般两年换一次盆，春季进行，可在换盆时使用标准的堆肥。

4. 繁殖方法

如图 3-8 所示，选取健壮而饱满的叶片，剪成 5～6cm 长段，插于沙土或蛭石中，露出土面一半，保持基质潮湿状态。当扦插基质稍干后，用细眼喷壶喷水，但也不宜过湿，以免腐烂，并喷施新高脂膜以防止病菌侵染，增强光合作用强度，提高成活率。放置于有散射光、空气流通的地方，一个月左右可生根。

图 3-8　虎皮兰的繁殖

五、天竺葵

1. 形态特征

天竺葵（图 3-9）为多年生草本，高 30～60cm。茎直立，基部木质化，上部肉质，多分枝或不分枝，密被短柔毛，具浓烈鱼腥味，叶互生；托叶宽三角形或卵形；叶柄长 3～10cm，被细柔毛和腺毛；叶片圆形或肾形，茎部心形，直径 3～7cm，边缘波状浅裂，表面叶缘以内有暗红色马蹄形环纹。伞形花序腋生，具多花，总花梗长于叶，被短柔毛；花梗 3～4cm，被柔毛和腺毛。花瓣红色、橙红、粉红或白色。蒴果长约 3cm，被柔毛。花期 5～7 月，果期 6～9 月。

图 3-9　天竺葵

2. 生态特点

天竺葵性喜冬暖夏凉，生长适温为 15～20℃。冬季室内日间保持 10～15℃，夜间温度 8℃以上，即能正常开花。喜燥恶湿，冬季浇水不宜过多，要见干见湿。土湿则茎质柔嫩，不利花枝的萌生和开放；长期过湿会引起植株徒长，花枝着生部位上移，叶子渐黄而脱落。生长期需要充足的阳光，光照不足会导致茎叶徒长，花梗细软，花序发育不良。天竺葵不喜大肥，肥料过多会使其生长过旺，不利开花。

3. 栽培管理

天竺葵在夏天的时候一定要防止阳光的暴晒，把它放在阴凉的地方。室内温度不要低于 0℃，否则就会冻伤。天竺葵忌浇水过多，浇水的频率控制在两三天浇一次，每次浇水要水量大，保证浇透。

4. 繁殖方法

天竺葵除 6～7 月植株处于半休眠状态外，其他时间均可扦插，以春、秋季为好（图 3-10）。夏季高温，插条易发黑腐烂。选用插条长 10cm，以顶端部最好，生长势旺，生根快。剪取插条后，让切口干燥数日，形成薄膜后再插于沙床或膨胀珍珠岩和泥炭的混合基质中，注意勿伤插条茎皮，否则伤口易腐烂。插后放半阴处，保持室温 13～18℃，插后 14～21 天生根，根长 3～4cm 时可盆栽。扦插过程中用质量分数为 0.01%的吲哚乙酸液浸泡插条基部 2s，可提高扦插成活率和生根率。一般扦插苗培育 6 个月开花，即 1 月扦插，6 月开花；10 月扦插，次年 2～3 月开花。

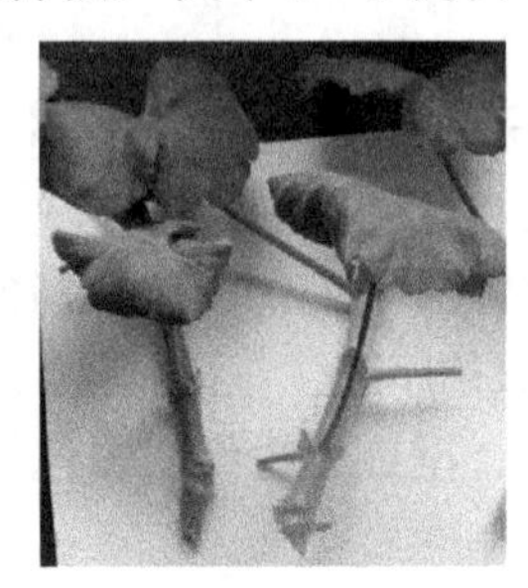

图 3-10　天竺葵的繁殖

六、香叶天竺葵

1. 形态特征

香叶天竺葵（图 3-11）为多年生草本或灌木状，高可达 1m。茎直立，基部木质化，上部肉质。叶互生；托叶宽三角形或宽卵形；叶柄与叶片近等长，被柔毛；叶片近圆形，基部心形，边缘掌状 5～7 裂，深达中部或近基部，裂片矩圆形或披针形，小裂片边缘为不规则的齿裂或锯齿，两面被长糙毛。伞形花序与叶对生，长于叶，具花 5～12 朵；苞片卵形，被短柔毛，边缘具绿毛；花瓣玫瑰色或粉红色。蒴果长约 2cm，被柔毛。花期 5～7 月，果期 8～9 月。

图 3-11　香叶天竺葵

2. 生态特点

香叶天竺葵一般以2～3年龄生长最为旺盛，5年后开始衰退。喜温耐旱，不耐寒，怕涝，对水分要求不高，适宜在中性或弱碱性的土壤中生长。香叶天竺葵的生长需要充足的日照，光照对其发育和精油含量的增加有良好的促进作用，选择栽培地区时应以日照充足向阳为主，要求土层深厚、质地疏松、富含腐殖质的肥沃沙土或壤土，而黏重的土壤和低洼排水不良的土地不宜栽培。

3. 栽培管理

香叶天竺葵要求肥沃、排水良好的土壤，盆栽用土可用腐殖质、砻糠灰、园土各1/3，再加入少量过磷酸钙混合拌均。生长过程中，适当控水。春秋生长开花旺盛时，可适当多浇水，但也应以保持盆土湿润为宜。冬季气温低，植株生长缓慢，应尽量少浇水。开花盛期，可每隔7～10天施1次稀薄的液肥，施肥前3～5天少浇或不浇水，盆土偏干时浇施，更有利于根系吸收。春季和初夏光照不太强烈的情况下，可将花盆置于光照充足的地方，使其接受充足光照，但在盛夏初秋炎热季节中，宜放在阴凉处，忌强光直射，否则枝叶会受到灼伤。为使株形美观、多开花，在春季如植株生长过旺，可进行疏枝修剪。开花后及时剪去残花及过密枝。休眠期再进行1次修剪，剪去发黄的老叶，疏去过密的枝条，对过长枝进行短截，以备休眠期过后，抽生新枝，继续孕蕾开花。

4. 繁殖方法

香叶天竺葵的繁殖（图3-12）以扦插为主，也可播种或组织培养。4月、5月或9月、10月剪取粗壮带有顶芽的枝条，长5～8cm，保留顶芽2～3枚。继而将插穗置于阴凉通风处晾干数小时，待插穗断面干燥结膜时，扦插入事先备好培养土的盆中。插后浇足清水，以后要见干见湿，3周后可生根。扦插苗长出新叶后便可上盆，选用中性培养土作为盆土，给予充足的光照。生长期每隔10天追肥1次。遵循盆土“不干不浇，浇则浇透”的原则。春插苗到秋季就能开花，秋插苗到次年初夏才能开花，常在秋季花谢后换盆。

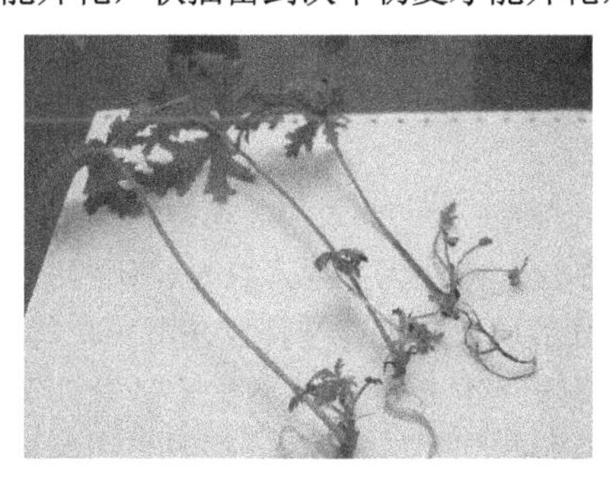

图3-12　香叶天竺葵的繁殖

七、四季海棠

1. 形态特征

四季海棠（图 3-13）为肉质草本植物。根纤维状；茎直立，肉质，无毛，基部多分枝，多叶。叶卵形或宽卵形，基部略偏斜，边缘有锯齿和睫毛，两面光亮，绿色，但主脉通常微红。原产于巴西。四季海棠是秋海棠植物中最常见和栽培最普遍的种类。姿态优美，叶色娇嫩光亮，花朵成簇，四季开放，且稍带清香，为室内外装饰的主要盆花之一。

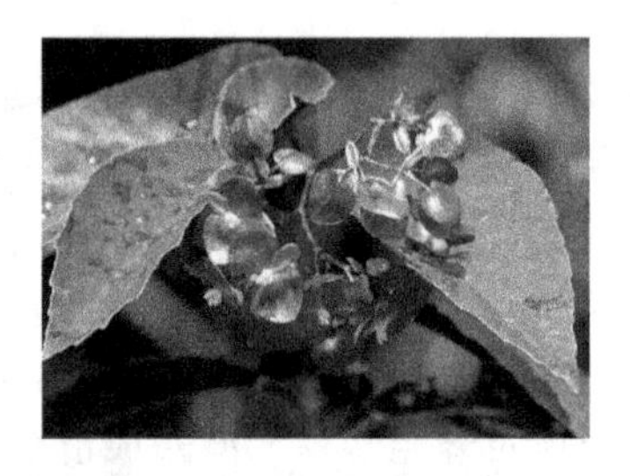

图 3-13　四季海棠

2. 生态特点

四季海棠性喜阳光，稍耐阴，怕寒冷，喜温暖、稍阴湿的环境和湿润的土壤，但怕热及水涝，夏天注意遮阴、通风排水。四季海棠对阳光十分敏感，夏季要调整光照时间，创造适合其生长的环境，对其进行遮挡阳光处理。

3. 栽培管理

生长期注意肥水管理，每周施淡肥水一次，浇水要充足，保持土壤潮湿，冬季须适当减少浇水量。宜进行摘心，促进分枝。生长期间，保持温暖湿润和阴湿的环境，忌直射阳光，除冬季外，均应遮阴。室内培养的植株，应放在有散射光且空气流通的地方，晚间需打开窗户，通风换气。果实成熟后，随熟随采，放置阴处晾干收储。夏季通风不良，叶易患白粉病，可用代森锌防治。

4. 繁殖方法

四季海棠的繁殖（图 3-14）方法为扦插，以春、秋两季为好。多在 3～5 月或 9～10 月进行，用素沙土当扦插基质，也可直接扦插在塑料花盆上。应当选取强壮 1～2 年生的枝条进行扦插，每段枝条带有 3～4 个节，在插穗茎部节下 1cm 处剪断，剪下后可将近基部的叶片除去，有花芽的要除去花芽，扦插时先用与插条粗细相同的竹棍在盆沙内插出洞眼，接着插入四季海棠枝条，插后 2 天内不需浇水，以利于剪切面形成愈合瘤。

2 周后生根，根长 2～3cm 时上盆。

图 3-14　四季海棠的繁殖

八、吊竹梅

1. 形态特征

吊竹梅（图 3-15）为多年生草本，长约 1m。其叶形似竹，叶片美丽，常以盆栽悬挂室内。茎柔弱质脆，半肉质，匍匐地面呈蔓性生长。叶互生，无柄；叶片椭圆形、椭圆状卵形至长圆形，叶腹面紫绿色而杂以银白色，中部和边缘有紫色条纹，背面紫色，通常无毛，全缘。花聚生于一对不等大的顶生叶状苞内，花瓣裂片 3 个，玫瑰紫色。果为蒴果，花期 6～8 月。

图 3-15　吊竹梅

2. 生态特点

吊竹梅多匍匐在阴湿地上生长，怕阳光暴晒，不耐寒，14℃以上可正常生长。要求较高的空气湿度，在干燥的空气中叶片常干尖焦边。不耐旱而耐水湿，对土壤的酸碱度要求不高。

3. 栽培管理

吊竹梅喜欢多湿的环境，在平日料理时应令盆土维持潮湿状态，不要过于干燥。在生长季节除了要每日浇水一次之外，还需时常向叶片表面和植株四周环境喷洒水，以促使枝叶加快生长。当植株处于休眠期时，需注意控制浇水。

吊竹梅喜欢阳光充足的环境，也喜欢半荫蔽。吊竹梅畏强烈的阳光直接照射、久晒；也不适宜被长期摆放在过于昏暗的环境中，否则植株容易徒长，节间会增长，叶片上的斑纹也会变少或失去，从而影响美观。冬天要将吊竹梅搬进房间里过冬，房间里的温度不可在10℃以下。吊竹梅对肥料没有很高的要求，可以依照具体生长态势适量施肥。平日应留意对吊竹梅摘心，以促使植株萌生新枝，令株形饱满。

4. 繁殖方法

吊竹梅通常采用扦插繁殖（图3-16）。摘取健壮茎，剪成长5cm左右的小段，留下顶端的2枚叶片，将枝条插进盆土中，插入深度为枝条总长度的1/3左右即可，浇透水分。插穗生根的生长适温为18～25℃，如果低于18℃，插穗生根很难生长，而且成长非常缓慢；但高于25℃，插穗的剪口又容易受到病菌侵染而腐烂。同时，扦插后必须保持空气的相对湿度在75%～85%。10天左右可生根。

图3-16　吊竹梅的繁殖

九、金边吊兰

1. 形态特征

金边吊兰（图3-17）为常绿草本植物，根状茎平生或斜生，有多数肥厚的根。叶丛生、线形、细长，似兰花。有时中间有绿色或黄色条纹。花茎从叶丛中抽出，长成匍匐茎在顶端抽叶成簇，花白色，常2～4朵簇生，排成疏散的总状花序或圆锥花序。蒴果三棱状扁球形，长约5mm，宽约8mm，每室具种子3～5颗。

图3-17　金边吊兰

2. 生态特点

金边吊兰性喜温暖湿润、半阴的环境。适应性强，较耐旱，不甚耐寒。不择土壤，在排水良好、疏松肥沃的沙质土壤中生长较佳。对光线的要求不严，一般适宜在中等光线条件下生长，也耐弱光。生长适温为15～25℃，越冬温度为5℃。温度为20～24℃时生长最快，也易抽生匍匐枝。30℃以上停止生长，叶片常常发黄，干尖。冬季室温保持12℃以上，植株可正常生长，抽叶开花；若温度过低，则生长迟缓或休眠；低于5℃，则易发生寒害。

3. 栽培管理

金边吊兰喜半阴环境，春、秋季应避开强烈阳光直晒，夏季阳光特别强烈，只能早晚见些斜射光照，否则会使叶尖干枯，尤其是花叶品种，更怕强阳光。金边吊兰在光线弱的地方会长得更加漂亮，黄色的金边更明显，叶片更亮泽。但冬季应使其多见些阳光，才能保持叶片柔嫩鲜绿。

金边吊兰喜欢湿润环境，盆土易经常保持潮湿。夏季浇水要充足，中午前后及傍晚还应往枝叶上喷水，及时清洗叶片上的灰尘，以防叶干枯。冬季5℃以下时，少浇水，盆土不要过湿，否则叶片容易发黄。

金边吊兰是较耐肥的观叶植物，若肥水不足，容易焦头衰老，叶片发黄，失去观赏价值。从春末到秋初，可每7～10天施一次有机肥液，但对金边、金心等花叶品种，应少施氮肥，以免花叶颜色变淡甚至消失，影响美观。

平时应随时剪去黄叶。每年3月可翻盆一次，剪去老根、腐根及多余须根。5月上旬、中旬将吊兰老叶剪去一些，会促使萌发更多的新叶和小吊兰。其根系相当发达，养殖一段时间后应及时更换花盆，以免根系堆积，造成吊兰黄叶、枯萎等现象。

4. 繁殖方法

金边吊兰扦插从春季到秋季可随时进行繁殖（图3-18）。剪取吊兰匍匐茎上的簇生茎叶（实际上就是一棵新植株幼体，上有叶，下有气根），直接将其栽入花盆内培植即可，浇透水放阴凉处养护。扦插时注意不要埋得太深，否则容易烂心。盆栽吊兰时，扦插的数量取决于盆的大小。一般小盆可扦2～3棵，中盆3棵左右，大盆可达5～6棵。

图3-18　金边吊兰的繁殖

第三节　木本植物扦插

一、五色梅

1. 形态特征

五色梅（图3-19）为常绿灌木，高1～2m，有时枝条生长呈藤状。茎枝呈四方形，有短柔毛，单叶对生，卵形或卵状长圆形，先端渐尖，基部圆形，两面粗糙有毛，揉烂有强烈的气味，头状花序腋生于枝梢上部，每个花序20多朵花，花冠筒细长，顶端多五裂，状似梅花。花冠颜色多变，呈黄色、橙黄色、粉红色、深红色。花期较长，在南方露地栽植几乎一年四季有花，果为圆球形浆果，熟时紫黑色。

图3-19　五色梅

2. 生态特点

五色梅喜光，喜温暖湿润气候。适应性强，耐干旱瘠薄，但不耐寒，保持气温10℃以上，叶片不脱落。在疏松、肥沃、排水良好的沙质土壤中生长较好。耐干旱、稍耐阴，不耐寒。对土质要求不严，以肥沃、疏松的沙质土壤为好。在南方基本是露地栽培，在北方可作为盆栽摆设供人们观赏。

3. 栽培管理

五色梅喜湿润环境，生长期应保持盆土湿润，避免过分干燥，并注意向叶面喷水，以增加空气湿度。喜阳光充足的环境，生长季节可放在室外向阳处养护，即使盛夏也不必遮光，但要求通风良好。若光照不足会造成植株徒长，茎枝又细又长，且开花稀少，严重影响观赏。冬季若保持不了15℃以上的室温，应节制浇水、停止施肥，使植株休眠，8℃以上即可安全越冬。生长较快，栽培中应及时剪除影响造型的枝叶，以保持树形的美观，每次开花后应将过长的嫩枝剪短，秋末冬初入房前对植株进行一次重剪，把当年生枝条都适当剪短。

4. 繁殖方法

如图3-20所示，选择一段开过花的枝条（约10cm），摘掉底部的叶子，保留顶部3～

4 片叶子，因为根部会直接从断面生出，所以无须特意保留枝节。然后将枝条插入介质中，保持介质偏潮，但是不积水，依旧放在阴凉通风的地方。10～15 天后，植物开始生根，1 月后根部就会长到 5～7cm。在根系长得差不多的时候，便可以进行移栽。移植后将花盆放在阴凉通风的地方养护，待五色梅状态正常后，逐渐给予阳光。一般从扦插到开花大约需要 3 个月的时间。

图 3-20 五色梅的繁殖

二、红叶石楠

1. 形态特征

红叶石楠（图 3-21）是蔷薇科石楠属杂交种的统称，为常绿小乔木，叶革质，且叶片表面的角质层非常厚，长椭圆形至倒卵披针形。红叶石楠幼枝呈棕色，贴生短毛，之后呈紫褐色，最后呈灰色无毛。花多而密，花白色呈顶生复伞房花序。花序梗、花柄均贴生短柔毛。春季新叶红艳，夏季转绿，秋、冬、春三季呈现红色，霜重色越浓，低温色更佳。

图 3-21 红叶石楠

2. 生态特点

红叶石楠的生长习性比较特殊，在温暖潮湿的环境生长良好。但是在直射光照下，色彩更为鲜艳。同时，它也有极强的抗阴能力和抗干旱能力。但是不抗水湿。红叶石楠抗盐碱性较好，耐修剪，对土壤要求不严格，适宜生长于各种土壤中，较容易移植成株。红叶石楠耐瘠薄，适合在微酸性的土质中生长，尤喜沙质土壤，但是在红壤或黄壤中也可以正常生长。同时，它对于气候的要求比较宽松，能够抵抗低温的环境，可以栽培在我国的各个地方。

3. 栽培管理

红叶石楠的枝条生长速度较快，若不进行必要的整形和修剪，将导致树形凌乱、不美观。根据树形要求，将较长的枝条剪短，促使分枝，可使树形紧凑；根据树形要求，在一定高度将植株顶端3～5cm嫩头剪掉，以促使侧枝大量萌发；及时疏掉病虫枝、枯死枝，剪掉的枝条应统一处理。

4. 繁殖方法

红叶石楠的繁殖（图3-22）主要通过扦插方法进行。其成本低、操作简便、成活率高，可在普通塑料大棚生产。

图3-22 红叶石楠的繁殖

扦插基质可用蛭石加泥炭，或用洁净的黄心土加细沙。于3月上旬春插，6月上旬夏插，9月上旬秋插。采用半木质化的嫩枝或木质化的当年生枝条，剪成一叶一芽，长度3～4cm，切口要平滑。插穗剪好后，要注意保湿，尽量随剪随插。扦插后要经常检查苗床，基质含水量保持在60%左右，棚内空气相对湿度最好保持在95%以上，棚内温度控制在38℃以下。从扦插到生根发芽之前都要遮挡阳光。15天后，部分插条开始发根，当50%以上的插条开始生根后，可逐步打开膜通风，使透光率在50%左右。当穗条全部发根且50%以上发叶后，逐步除去大棚的遮阳网和薄膜，开始炼苗。

三、春鹃

1. 形态特征

春鹃（图3-23）是一种著名的花卉。高约2m；枝条、苞片、花柄及花等均有棕褐色扁平的糙伏毛。叶纸质，卵状椭圆形，两面均有糙伏毛，背面较密。花2～6朵簇生于枝端；花冠宽漏斗状，色彩因种类不同而有红、黄、白、紫、粉红等色，一般春鹃在4月开花；蒴果卵圆形，长约1cm，有糙伏毛。

图 3-23　春鹃

2. 生态特点

春鹃喜欢酸性土壤，在钙质土中生长得不好，甚至不生长。性喜凉爽、湿润、通风的半阴环境，既怕酷热又怕严寒，生长适温为 12～25℃。夏季气温若超过 35℃，则新梢、新叶生长缓慢，处于半休眠状态。

3. 栽培管理

夏季要防晒遮阴，冬季应注意保暖防寒。忌烈日暴晒，适宜在光照强度不大的散射光下生长，光照过强，嫩叶易被灼伤，新叶老叶焦边，严重时会导致植株死亡。冬季，露地栽培春鹃要采取措施进行防寒，以保其安全越冬。耐修剪，隐芽受刺激后极易萌发，可借此控制树形，复壮树体。一般在 5 月前进行修剪，所发新梢，当年均能形成花蕾，过晚则影响开花。

4. 繁殖方法

地温 20℃左右、气温 30℃左右是扦插春鹃的最好时机。取上部当年生半木质化的、发育健壮的枝条。茎呈淡褐色或绿色，粗壮饱满，叶片厚实，这类枝条扦插后生根快、成活率高，成苗后长势强劲。插条剪成长 8cm 左右的段，去掉基部 5cm 以下部位的叶片，并捆成 50～100 根的小捆，以便于用 50mg/L 萘乙酸或吲哚丁酸溶液处理 2h。春鹃扦插后管理，要控制好温度和湿度。棚内温度控制在 20～28℃，当气温超过 30℃时，应在中午、傍晚揭开薄膜透气，并洒水降温，然后盖好薄膜，棚内空气相对湿度应保持在 90%左右。春鹃插条愈伤组织形成期为 15～20 天，该期间要勤喷水，不能使插条萎蔫。40 天左右，根系基本形成，应减少浇水次数，视插床情况，不干不浇，浇则浇透。春鹃嫩枝插条后，只要管理得当，可达到 90%以上的成活率。

四、朱蕉

1. 形态特征

朱蕉（图 3-24）为灌木状，直立，高 1～3m。茎粗 1～3cm，有时稍分枝。叶聚生于茎或枝的上端，矩圆形至矩圆状披针形，长 25～50cm，宽 5～10cm，绿色或带紫红色，叶柄基部变宽，抱茎。圆锥花序长 30～60cm，侧枝基部有大的苞片，每朵花有 3 枚苞片；花淡红色、青紫色至黄色，长约 1cm；花梗通常很短，较少长达 3～4mm；外轮花被片下半部紧贴内轮而形成花被筒，上半部在盛开时外弯或反折；雄蕊生于筒的喉部，稍短于花被；花柱细长。花期 11 月至次年 3 月。

图 3-24　朱蕉

2. 生态特点

朱蕉喜温暖、湿润。生长适温为 20～28℃，夏季白天温度 25～30℃，冬季夜间温度 7～10℃，不能低于 4℃，个别品种能耐 0℃低温。忌夏季高温和日光暴晒，在疏阴条件下生长良好。耐水湿，怕干旱，喜肥沃。土壤要求肥沃、疏松和排水良好的沙质土壤，不耐盐碱和酸性土。

3. 栽培管理

种植土宜选用腐叶土或泥炭配制。朱蕉对光照的适应能力较强，因此短时间的强光或较长时间的半阴对朱蕉的生长影响不大，最重要的是要避免夏季烈日的长时间暴晒。

朱蕉对水分比较敏感，生长期盆土必须保持湿润，缺水易引起落叶，但水分太多或盆内积水，同样引起落叶或叶尖黄化现象。茎叶生长期应经常喷水，保持空气湿度，并保持通风。生长期每半月施有机肥或复合肥 1 次。朱蕉盆栽应每 2～3 年换 1 次盆。

4. 繁殖方法

朱蕉在 3～5 月扦插较好，可采用嫩枝扦插和硬枝扦插。扦插基质选用中粗河沙或新鲜黄泥，河沙在使用前要用清水冲洗几次。

嫩枝扦插时，选用当年生粗壮枝条做插穗。枝条剪下后，选取壮实的部位，剪成长 8～10cm 的小段，每段要带 3 个叶节以上，如果叶片过大，可剪去 1/2 或留顶部 2～3 片小叶，以减少叶面水分蒸发。硬枝扦插时，选取去年的健壮枝条做插穗，每段插穗通常保留 3～4 个节。剪取插穗时需注意，上方的剪口在最上面的叶节的上方 0.5～1cm 处平剪，下方的剪口在最下面的叶节下方大约 0.5cm 处斜剪，刀要锋利，剪口要平整。

插后要及时浇透水，使插条与土壤密合，以后浇水，保持土壤湿润。插穗生根的生长适温为24～26℃，在这个温度范围内插后30～40天生根并萌芽。扦插后遇低温时，应使用薄膜将用来扦插的苗床或花盆包起来。若扦插后温度太高，则需给插穗遮阴，同时进行喷雾，每天2～3次。

五、月季

1. 形态特征

月季（图3-25）被誉为花中皇后，品种繁多，世界上已有近万种，中国也有千种以上。直立灌木，高1～2m；小枝粗壮，圆柱形，近无毛，有短粗的钩状皮刺。小叶3～5枚，卵状椭圆形，小叶片宽卵形至卵状长圆形，托叶大部贴生于叶柄，仅顶端分离部分呈耳状；花几朵集生，稀单生，花瓣重瓣至半重瓣，红色、粉红色至白色，四季开花。

图3-25　月季

2. 生态特点

月季花适应性强，对气候、土壤要求虽不严格，但以疏松、肥沃、富含有机质、微酸性、排水良好的的壤土较为适宜。性喜温暖、日照充足、空气流通的环境。大多数品种生长适温白天为15～26℃，晚上为10～15℃。夏季温度持续30℃以上时，即进入半休眠，植株生长不良，虽也能孕蕾，但花小瓣少，色暗淡而无光泽，失去观赏价值。

3. 栽培管理

盆栽月季花宜用腐殖质丰富而呈微酸性肥沃的沙质土壤，不宜用碱性土。在每年春天新芽萌动前要更换一次盆土，以利其生长，换土有助其当年开花。在生长季节要有充足的阳光。浇水要做到见干见湿，不干不浇，浇则浇透。盆内不可有积水，水多易烂根。冬季休眠期保持土壤湿润，不干透就行。开春时，枝叶生长，适当增加水量，每天早晚各浇1次水。在生长旺季及花期需增加浇水量，夏季高温，水的蒸发量加大，植物处于虚弱半休眠状态，最忌干燥脱水，每天早晚各浇1次水，避免阳光暴晒。盆栽月季花要勤施肥，在生长季节，要10天浇一次淡肥水。

4. 繁殖方法

选择当年生、生长健壮、有弹性，且花芽未萌发的月季枝条剪下，上部剪成平口，下部用利刀在节下5～8mm处削成马耳形（45°～60°）。春、夏、秋季留最上部两片小叶，其余叶片除去。插于细沙中，然后浇透水。

将扦插好的月季，放在背阴处或树荫下，早晚可晒点太阳。最初4～5天每日喷水次数多一些，保护叶片不脱水。以后可早、中、晚各喷水1次。逐渐减少喷水次数，直至3～5天喷一次。只要温度合适（气温15～28℃），大多数会形成愈伤组织并逐渐生根，一般10多天就会生根（图3-26）。生根后，原来留的两片小叶会脱落，新芽会萌发。此时可移到阳光下。

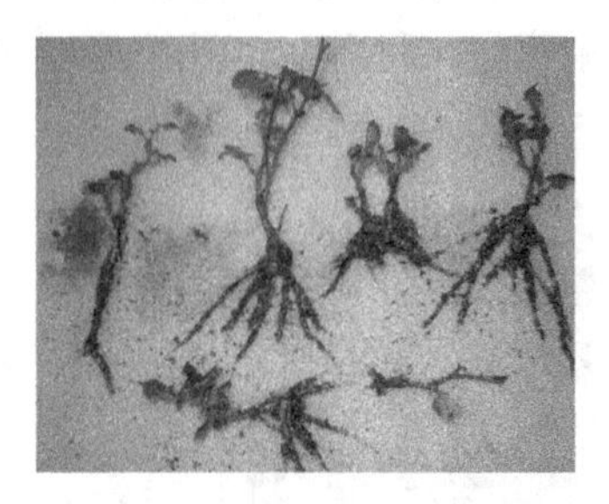

图3-26　月季的繁殖

六、山茶

1. 形态特征

山茶（图3-27）为灌木或小乔木，叶革质、椭圆形，边缘有锯齿，叶片正面为深绿色，多数有光泽，背面较淡；花大，顶生，径5～12cm，近无柄，原种为单瓣红花，但经过长期的栽培后，在植株习性、叶、花形、花色等方面产生极多的变化，目前品种多达1 000～2 000种，花朵有从红到白、从单瓣到完全重瓣的各种组合。

图3-27　山茶

2. 生态特点

山茶原产于中国。喜温暖、湿润和半阴环境。宜于散射光下生长，怕直射光暴晒，幼苗需遮阴。但长期过阴对山茶生长不利，叶片薄、开花少，影响观赏价值。怕高温，忌烈日。夏季温度超过35℃，就会出现叶片灼伤现象。山茶适宜水分充足、空气湿润环境，忌干燥。高温干旱的夏秋季，应及时浇水或喷水。梅雨季注意排水，以免引起根部受涝腐烂。

3. 栽培管理

山茶盆栽常用直径15～20cm的花盆。盆栽山茶，每年春季花后或9～10月换盆，山茶根系脆弱，移栽时要注意不伤根系。剪去徒长枝或枯枝，换上肥沃的腐叶土。山茶喜湿润，但土壤不宜过湿，特别是盆栽，盆土过湿易引起烂根。相反，灌溉不透，过于干燥，叶片发生卷曲，也会影响花蕾发育。山茶喜肥，在上盆时就要注意在盆土中放基肥，平时不宜施肥太多，一般在花后4～5月施2～3次稀薄肥水，秋季11月施一次稍浓的水肥即可。山茶的生长较缓慢，不宜过度修剪，一般将影响树形的徒长枝及病虫枝、弱枝剪去即可。

4. 繁殖方法

6～8月底，选取叶芽饱满的当年生半木质化的枝条作为插条，剪为8～10cm，前端留2片叶，剪取时，基部尽可能带一点老枝，插后易形成愈伤组织，发根快（图3-28）。随剪随插，插入基质3cm左右，插后用手指按实。宜选择酸性至微酸性沙质土壤，翻耕后，整细、耙平。插床需遮阴，每天喷雾叶面，保持湿润，温度维持在20～25℃，插后约3周开始愈合，6周后生根。当根长3～4cm时移栽上盆。

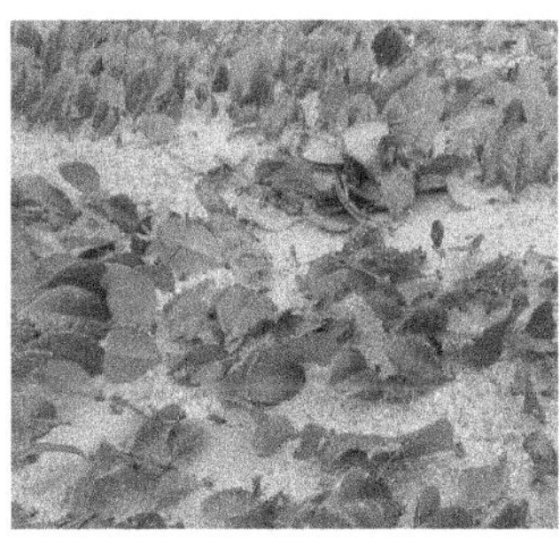

图3-28　山茶的繁殖

七、八仙花

1. 形态特征

八仙花（图3-29）又名绣球、紫阳花，为落叶灌木，茎常于基部发出多数放射枝而形成一圆形灌丛；小枝粗壮，皮孔明显。叶大而稍厚，对生，纸质或近革质，倒卵形，边缘有粗锯齿，叶面鲜绿色，叶背黄绿色，叶柄粗壮。花大型，由许多不孕花组成顶生伞房花序。花色多变，初时白色，渐转蓝色或粉红色。

图 3-29　八仙花

2. 生态特点

八仙花喜温暖、湿润和半阴环境，适宜在肥沃、排水良好的酸性土壤中生长。土壤的酸碱度对绣球的花色影响非常明显，土壤为酸性时，花呈蓝色；土壤为碱性时，花呈红色。八仙花的生长适温为 18～28℃，冬季温度不低于 5℃。要保持湿润，但浇水不宜过多，特别雨季要注意排水，防止受涝引起烂根。

3. 栽培管理

盆栽八仙花常用直径 15～20cm 的盆。盆栽植株在春季萌芽后注意充分浇水，保证叶片不凋萎。花期 6～7 月，肥水要充足，一般每年要翻盆换土一次。翻盆换土宜在 3 月上旬进行。绣球一般在两年生的壮枝上开花，开花后应将老枝剪短，保留 2～3 个芽即可，以限制植株长得过高，并促生新梢。秋后剪去新梢顶部，使枝条停止生长，以利越冬。

4. 繁殖方法

扦插八仙花（图 3-30）主要采用穴盘扦插，以 72 孔、体积为 38cm×28.5cm×55cm 的穴盘为宜，穴盘过小易使八仙花生根后无法自由生长，穴盘孔过大会使扦插后基质的水分丧失过快。扦插介质以草炭和珍珠岩为主。将基质装入穴盘里，在装载时一定要装够，以防止在后面浇水的时候基质下沉导致穴盘里面没有足够的基质。可在空苗床上铺上无纺布，这样更有利于水分的保持和增加穴盘和地布之间的湿度。在准备好的基质上浇水。需要注意的是，这是基质的第一次浇水，必须要把基质浇透，防止表面已经潮湿而基质的里面还是干燥的。

插穗可以在已生长多年的植株上剪取。在进行插穗剪取时插穗的要求是必须有一对叶片，叶片下部保持在 3～4cm，叶片上部保持在 1cm 即可。插穗的切口必须是平口，以使插穗的伤口减到最小。将插穗的叶片剪去一半或者剪去2/3（在叶片较大的情况下），以便减少叶片过大使插穗水分丧失。

图3-30　八仙花的繁殖

在进行扦插时，将叶片下部的2～3cm插入基质，必须保持插穗的直立。温度保持在20～28℃为最佳，在插穗生根之前，必须通过喷雾来减少插穗的水分蒸发，促使叶片通过吸收水分来维持插穗的基本需求。适合情况下，在扦插后12天大部分植株已经长根。扦插后15天根基本已经可以带起大部分基质。

八、茉莉花

1. 形态特征

茉莉花（图3-31）为直立或攀缘灌木，可高达3m。小枝圆柱形或稍压扁状，叶对生，单叶，叶片纸质，圆形、椭圆形，聚伞花序顶生，通常有花3朵，有时单花或多达5朵；花冠白色，花极芳香，为著名的花茶原料及重要的香精原料。

图3-31　茉莉花

2. 生态特点

茉莉性喜温暖湿润，在通风良好、半阴的环境生长最好。土壤以含有大量腐殖质的微酸性沙质土壤最适合。大多数品种畏寒、畏旱，不耐霜冻、湿涝和碱土。冬季气温低于3℃时，枝叶易遭受冻害，如持续时间长就会死亡。

3. 栽培管理

盆栽茉莉，盛夏季每天要早、晚浇水，如空气干燥，需补充喷水；冬季休眠期，要控制浇水量，如盆土过湿，会引起烂根或落叶。生长期需每周施稀薄饼肥一次。春季换盆后，要经常摘心整形，盛花期后，要重剪，以利萌发新枝，使植株整齐健壮，开花旺盛。

茉莉喜肥，特别是花期长，需肥量较大。6～9 月开花期应勤施含磷较多的液肥，最好每 2～3 天施一次，肥料可用腐熟好的豆饼和鱼腥水肥液，或者用硫酸铵、过磷酸钙。浇肥不宜过浓，否则易引起烂根。浇前用小铲将盆土略松后再浇，不要在盆土过干或过湿时浇肥，于似干非干时施肥效果最好。

为使盆栽茉莉株形丰满美观，花谢后应随即剪去残败花枝，以促使基部萌发新枝，控制植株高度。在春季发芽前可将枝条适当剪短，保留基部 10～15cm，促发多数粗壮新枝，如新枝长势很旺，应在生长达 10cm 时摘心，促发二次梢，则开花较多，且株形紧凑，观赏价值高。

盆栽茉莉花一般每年应换盆换土一次。换盆时，将茉莉根系周围部分旧土和残根去掉，换上新的培养土，重新改善土壤的团粒结构和养分，有利于茉莉的生长。换好盆，又要像上盆那样浇透水，以利根土密接，恢复生长。换盆前应对茉莉进行一次修剪，对上年生的枝条只留 10cm 左右，并剪掉病枯枝和过密、过细的枝条。生长期经常疏除生长过密的老叶，可以促进腋芽萌发和多发新枝、多长花蕾。

4. 繁殖方法

茉莉花的繁殖（图 3-32）一般选择在 4～10 月进行，最好是梅雨季节，因为此时雨水充足，空气湿度大，插条发根较快，成活率高。通常是选取生长健壮、组织饱满的一年生枝条，也可选取整形修剪的枝条作为插穗的来源，此时要注意枝条必须无病虫害，同一枝条以中、下部最好。首先除掉叶片，按 5～10cm 的长度剪截插穗，插条两端剪口须离腋芽 1cm 左右。然后扦插于疏松、排水良好的基质中。先用竹筷在基质上插一小孔，深度占插穗的 2/3，再把插条插入孔中，留一个节位在上面。扦插完毕，立即浇足水，使插穗与泥土紧紧融合。扦插后要经常浇水，以保持土壤湿润。为促使插穗早发芽，可架设简单的塑料进行覆盖增温催芽，在 30℃气温下，1 个月左右即可生根发芽。

图 3-32　茉莉花的繁殖

第四节 藤本植物扦插

一、花叶络石

1. 形态特征

花叶络石（图 3-33）为常绿木质藤蔓植物，茎有不明显皮孔。全株具白色乳汁，小枝、嫩叶柄及叶背面被短柔毛，老枝叶无毛。叶对生、革质，椭圆形至卵状椭圆形或宽倒卵形。老叶近绿色或淡绿色，第一轮新叶粉红色，少数有 2～3 对粉红叶，第 2～3 对为纯白色叶，在纯白叶与老绿叶间有数对斑状花叶，整株叶色丰富，可谓色彩斑斓。

图 3-33 花叶络石

2. 生态特点

花叶络石适宜在排水良好的酸性、中性土壤环境中生存，抗病能力强，生长旺盛，类似于中国本土络石，同时它又具有较强的耐干旱、抗短期洪涝、抗寒能力。其叶色的变化与光照、生长状况相关，艳丽的色彩表现需要有良好的光照条件和旺盛的生长条件。

3. 栽培管理

室内盆栽花叶络石必须有适度的光照。要保持花叶络石最佳的叶色效果，就要适时修剪，修剪后要及时进行合理施肥，以促进枝叶萌发。同时，花叶络石叶色鲜艳，容易受蚜虫侵害，要做好蚜虫防治工作。

4. 繁殖方法

花叶络石可以在一年中任何季节扦插繁殖（图 3-34），春季与秋季的生根率均可达 98%以上，夏季扦插对于部分生长太嫩的枝条易腐烂，但达到半木质化的枝条均可生根成活。扦插时选择合适的容器，建议使用穴盘，并放入一定比例的珍珠岩、泥炭、蛭石做成的扦插基质。剪下合适长度的枝条，保留 2～4 片叶子，插入土中。扦插后保持合适的温度，并注意遮阴，养护 15 天左右，就可以生根了。

图 3-34　花叶络石的繁殖

二、常春藤

1. 形态特征

五加科常春藤（图 3-35）属多年生常绿攀缘灌木，气生根，茎灰棕色或黑棕色，光滑，单叶互生；叶柄无托叶有鳞片；叶二型；营养枝上的叶为三角状卵形或戟形，全缘或三裂；花枝上的叶椭圆状披针形，全缘；伞形花序单个顶生，花淡黄白色或淡绿白色，花药紫色；花盘隆起，黄色。

图 3-35　常春藤

2. 生态特点

常春藤为阴性藤本植物，也能生长在全光照的环境中，在温暖湿润的气候条件下生长良好，不耐寒。对土壤要求不严，喜湿润、疏松、肥沃的土壤，不耐盐碱。常攀缘于林缘树木、林下路旁、岩石和房屋墙壁上，庭园也常有栽培。

3. 栽培管理

常春藤栽培管理简单粗放，但需栽植在土壤湿润、空气流通之处。移植可在初秋或晚春进行，定植后需加以修剪，促进分枝。南方多地栽于园林的阴凉处，令其自然匍匐在地面上或者假山上。北方多盆栽，盆栽可绑扎各种支架，牵引整形，夏季在荫棚下养护，冬季放入温室越冬，室内要保持适宜的空气湿度，不可过于干燥，但盆土不宜过湿。

4. 繁殖方法

常春藤的茎蔓容易生根，通常采用扦插繁殖。在温室栽培条件下，全年均可扦插（图 3-36）。一般以春季 4～5 月和秋季 8～9 月扦插为宜。

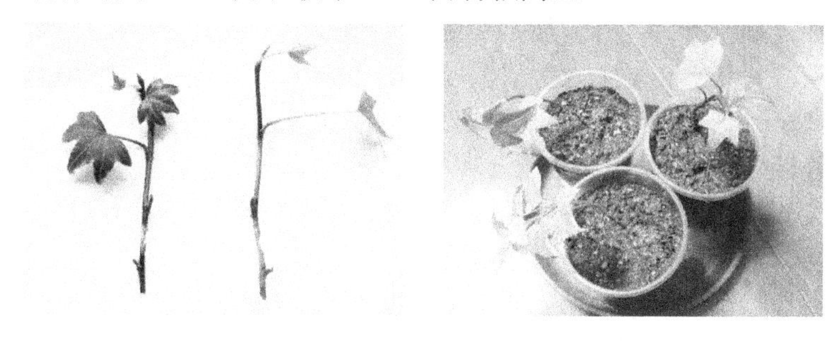

图 3-36　常春藤的繁殖

扦插时选用疏松、通气、排水良好的沙质土壤做基质。春季硬枝扦插，从植株上剪取木质化的健壮枝条，截成 5～10cm 长的插条，上端留 2～3 片叶。扦插后保持土壤湿润，置于侧方遮阴条件下，很快就可以生根。秋季嫩枝扦插，则是选用半木质化的嫩枝，截成 5～10cm 长、含 3～4 节带气根的插条。扦插后进行遮阴，并经常保持土壤湿润，一般插后 20～30 天即可生根成活。

实训　植物扦插繁殖

一、实训目标

学生通过温室内花卉的扦插，应该能够掌握各种温室常见植物扦插繁殖的原理和主要技术要点。

二、实训场所

校园园林温室内。

三、实训形式

学生以小组形式在教师的指导下进行实训。

四、实训材料

1）植物材料：露草、吊竹梅、金边吊兰等。

2）用具：穴盘、营养土、河沙、剪刀或小刀、锄头、园艺小铲、生根液等。

五、实训内容与方法

1）选合适的植物母株，用小刀或剪刀剪下 5～10cm 的枝梢部分作为插穗；切口平剪且光滑，位置靠近节下方。插穗随采随放入装有清水的盆或桶中备插。

2）去掉插穗部分叶片，保留枝顶 2～4 片叶子。

3）用锄头将营养土和温室内种植土以 5∶1 的比例搅拌均匀，并浇适量水，要求土壤含水率为 50%～60%。拌好后将扦插土装填入穴盘。

4）将插穗蘸生根液 8～10s 后插入基质中 2～3cm，略压实。

5）把穴盘放入遮阴环境，扦插后第一阶段，每天喷雾 2～3 次，以保证其空气及土壤湿度，确保插穗新鲜直到愈伤组织形成。

6）插穗扦插后第二阶段，每天喷雾 1～2 次，以促进插穗新根形成。形成新根后，穴盘移到花架上接受光照，并进行正常养护。

六、实训报告

记载时间、地点，扦插株数，激素浓度，插条生根情况；统计各扦插植物的成活率；总结经验，分析影响扦插成活率的因素，并填写扦插记录表（表 3-1）。

表 3-1　校园温室植物扦插记录表

种类名称	扦插日期	扦插株数	应用激素浓度及处理时间	插条生根情况			生长株数	成活率/%	未成活原因
				生根部位	生根数	平均根长/cm			

第四章 嫁接繁殖技术

第一节　嫁接基础知识

一、嫁接的意义和作用

（一）嫁接的意义

嫁接是指人们有目的地利用两种植物能够结合在一起的能力，将一种植物的枝或芽接到另一种植物的茎（枝）或根上，使之愈合生长在一起，形成一个独立植株的繁殖方法。供嫁接用的枝、芽称为接穗或接芽；承受接穗或接芽的植株（根株、根段或枝段）称为砧木。用枝条做接穗的称为枝接，用芽做接穗的称为芽接。通过嫁接繁殖所得的苗木称为嫁接苗。嫁接苗与其他营养繁殖苗所不同，需借助于另一植物的根，因此，嫁接苗也称为“他根苗”。

（二）嫁接的作用

嫁接繁殖是园林植物育苗生产中一种很重要的方法。它除具有一般营养繁殖的优点外，还具有其他营养繁殖所无法起到的作用。

1. 保持植物品质的优良特性，提高观赏价值

园林植物嫁接繁殖所用的接穗，均来自具有优良品质的母株，其遗传性稳定，在园林绿化、美化上，观赏效果优于种子繁殖的植物。嫁接能保存植物的优良性状，虽然嫁接后会不同程度地受到砧木的影响，但基本上能保持母本的优良性状。

2. 增加抗性和适应性

嫁接所用的砧木，大多采用野生种、半野生种和当地土生土长的种类。这类砧木的适应性很强，能在自然条件很差的情况下正常生长发育。它们一旦被用作砧木，就能使嫁接品种适应不良环境，并以砧木对接穗的生理影响提高嫁接苗的抗性（如提高抗寒、

抗旱、抗盐碱及抗病虫害的能力），扩大栽培范围。例如，碧桃嫁接在山桃上，长势旺盛，易形成高大植株；嫁接在寿星桃上，则形成矮小植株。

3. 提早开花结果

嫁接能使观花、观果植物及果树提早开花结果，使材用树种提前成材。其主要原因是，接穗采自已经进入开花结果期的成龄树，这样的接穗嫁接后，一旦愈合，恢复生长，很快就会开花结果。

4. 克服不易繁殖现象

园林中的一些植物品种由于培育目的而没有种子或极少采用种子繁殖，若扦插繁殖困难或扦插后发育不良，则用嫁接繁殖可以较好地完成繁殖育苗工作，如园林树木中的重瓣品种，以及果树中的无核葡萄、无核柑橘、柿子等。

5. 扩大繁殖系数

以种子繁殖的方法，可获得大量砧木。接穗用一个芽或者是一小段枝条接到砧木上，就可以在短时间内获得大量苗木，尤其是芽变的新品种，采用嫁接的方法可迅速扩大品种的数量。

6. 恢复树势、治救创伤、补充缺枝、更新品种

衰老树木可利用强壮砧木的优势通过桥接、寄根接等方法，促进生长，挽回树势。树冠出现偏冠、中空，可通过嫁接调整枝条的发展方向，使树冠丰满、树形美观。品种不良的植物可用嫁接更换品种。雌雄异株的植物可用嫁接改变植株的雌雄。嫁接还可使一树多种、多头、多花，提高其观赏价值。嫁接可以提高或恢复一些树木的绿化、美化效果。

但是，嫁接繁殖也有一定的局限性和不足之处。例如，嫁接繁殖一般限于亲缘关系，要求砧木和接穗的亲和力强，因而有些植物不能用嫁接方法进行繁殖；单子叶植物由于茎构造上的特殊性，嫁接较难成活。此外，嫁接苗寿命较短，并且嫁接繁殖在操作技术上也较繁杂，技术要求较高，有的还需要先培养砧木，人力、物力上投入较大。

二、嫁接成活的原理与过程

接穗和砧木嫁接后，能否成活的关键在于二者的组织是否愈合，而愈合的主要标志是维管组织系统的连接。嫁接能够成活，主要是依靠砧木和接穗之间的亲和力，以及结合部位伤口周围的细胞生长、分裂和形成层的再生能力。形成层是介于木质部与韧皮部之间再生能力很强的薄壁细胞层。在正常情况下，薄壁细胞层进行细胞分裂，向内形成木质部，向外形成韧皮部，使树木加粗生长，在树木受到创伤后，薄壁细胞层还具有形

成愈伤组织，把伤口保护起来的功能。所以，嫁接后，砧木和接穗结合部位各自的形成层薄壁细胞进行分裂，形成愈伤组织，逐渐填满接合部的空隙，使接穗与砧木的新生细胞紧密相接，形成共同的形成层，向外产生韧皮部，向内产生木质部，两个异质部分从此结合为一体。这样，由砧木根系从土壤中吸收水分和无机养分供给接穗，接穗的枝叶制造有机养料输送给砧木，二者结合而形成了一个能够独立生长发育的新个体。

三、影响嫁接成活的因素

（一）嫁接成活的内因

嫁接成活的内因包括砧木和接穗的亲和力，砧木、接穗的生活力及树种的生物学特性等。

1. 砧木和接穗的亲和力

嫁接亲和力就是接穗与砧木经嫁接而能愈合生长的能力。具体来说，就是接穗和砧木的形态、结构、生理和遗传性彼此相同或相近，因而能够互相亲和而结合在一起的能力。嫁接亲和力的大小表现在形态、结构上，是彼此形成层和薄壁细胞的体积、结构等相似度的大小；表现在生理和遗传性上，是形成层或其他组织细胞生长速率、彼此代谢作用所需的原料和产物的相似度的大小。

嫁接亲和力是嫁接成活最基本的条件，不论用哪种植物，也不论用哪种嫁接法，砧木和接穗之间都必须具备一定的亲和力。亲和力强，则嫁接成活率也高，反之嫁接成活的可能性就小。亲和力的强弱与树木亲缘关系的远近有关，一般规律是亲缘关系越近，亲和力越强。所以品种间嫁接最易接活，种间次之，不同属之间又次之，不同科之间则较困难。

2. 砧木、接穗的生活力及树种的生物学特性

愈伤组织的形成与植物种类和砧木、接穗的生活力有关。一般来说，砧木、接穗生长健壮，营养器官发育完善，体内营养物质丰富，生长旺盛，形成层细胞分裂最活跃，嫁接就容易成活。所以砧木要选择生长健壮、发育良好的植株，接穗也要从健壮母树的树冠外围选择发育成熟的枝条。如果砧木萌动比接穗稍早，可及时供应接穗所需的养分和水分，嫁接易成活；如果接穗萌动比砧木早，则可能因得不到砧木供应的水分和养分“饥饿”而死；如果接穗萌动太晚，砧木溢出的液体太多，又可能“淹死”接穗。有些种类，如柿树、核桃富含单宁，切面易形成单宁氧化隔离层，阻碍愈合；松类富含松脂，处理不当也会影响愈合。

接穗的含水量也会影响嫁接的成功，一般接穗含水量应在50%左右。如果接穗含水量过低，形成层就会停止活动，甚至死亡。所以，接穗在运输和储藏期间，不要过干过湿。嫁接后也要注意保湿，如低接时要培土堆，高接时要绑缚保湿物，以防水分蒸发。

此外，如果砧木和接穗的细胞结构、生长发育速度不同，嫁接则会形成“大脚”或“小脚”现象。例如，在黑松上嫁接五针松、在女贞上嫁接桂花均会出现“小脚”现象，它们除影响美观外，生长仍表现正常。因此，在没有更理想的砧木时，在园林苗木的培育中仍可继续采用上述砧木。

（二）影响嫁接成活的外因

在适宜的温度、湿度和良好的光照、通气条件下进行嫁接，有利于愈合成活和苗木的生长发育。

1. 温度

温度对愈伤组织形成的快慢和嫁接成活有很大的影响。在适宜的温度下，愈伤组织形成最快且易成活，温度过高或过低，都不适宜愈伤组织的形成。一般来说，植物在25℃左右嫁接最适宜，但不同物候期的植物，对温度的要求也不一样。物候期早的比物候期迟的适温要低，如桃、杏在20～25℃适宜嫁接，而山茶则在26～30℃适宜嫁接。春季进行枝接时，各树种嫁接的次序主要以温度来确定。

2. 湿度

湿度对嫁接成活的影响很大。一方面，嫁接愈伤组织的形成需具有一定的湿度条件；另一方面，保持接穗的活力也需一定的空气湿度。空气干燥则会影响愈伤组织的形成和造成接穗失水干枯。土壤湿度、地下水的供给也很重要。嫁接时，如土壤干旱，应先灌水增加土壤湿度。

3. 光照

光照对愈伤组织的形成和生长有明显抑制作用。在黑暗的条件下嫁接，有利于愈伤组织的形成，因此，嫁接后一定要遮光。低接用土埋，既保湿又遮光。

4. 通气

通气对愈合成活也有一定影响。给予一定的通气条件，可以满足砧木与接穗接合部形成层细胞呼吸作用对氧气的需求。

四、嫁接的准备工作

开展嫁接活动以前，应做好用具用品、砧木和接穗三个方面的准备工作。

1. 用具用品的准备

1）劈接刀：用来劈开砧木切口。其刀刃用以劈砧木，其楔部用以撬开砧木的劈口。

2）手锯：用来锯较粗的砧木。

3）枝剪：用来剪接穗和较细的砧木。

4）芽接刀：芽接时用来削接芽和撬开芽接切口。芽接刀的刀柄有角质片，在用它撬开切口时，不会与树皮内的单宁发生化学变化。

5）铅笔刀或刀片：用来切削草本植物的砧木和接穗。

6）水罐和湿布：用来盛放和包裹接穗。

7）绑缚材料：用来绑缚嫁接部位，以防止水分蒸发和使砧木接穗能够密接紧贴。常用的绑缚材料有塑料条带、马蔺、蒲草、棉线、橡皮筋等。

8）接蜡：用来涂盖芽接的接口，以防止水分蒸发和雨水浸入接口。

上述用具用品中，各种刀剪在使用前应磨得十分锋利。这和嫁接成活率有重大关系，必须十分重视。

2. 砧木的准备

进行一般栽培上的嫁接时，砧木须于嫁接前1～3年播种。如果想使砧木影响接穗，则须于嫁接前4～5年乃至5～6年播种，具体年数因各种树木的初花年龄而异。如果想以接穗影响砧木，则砧木需要年轻，于嫁接前1～2年播种即可。

嫁接时，如打算嫁接后用土覆盖，须事先将砧木两旁挖开7～10cm深的土壤。进行木本植物芽接时，如果土壤干燥，应在前一天灌水，增加树木组织内的水分，以便于嫁接时撕开砧木接口的树皮。

3. 接穗的准备

一般选择树冠外围中、上部生长茁壮、芽体饱满的新梢或一年生发育枝作为接穗。然后将选择好的接穗集成小束，做好品种名称标记。夏季采集的新梢，应立即去掉叶片和生长不健壮的新梢顶端，只保留叶柄，并及时用湿布包裹，以减少枝条的水分蒸发。取回的接穗不能及时使用可将枝条下部浸入水中，放在阴凉处，每天换水1～2次，可短期保存4～5天。

春季枝接和芽接采集穗条，最好结合冬剪进行，也可在春季树木萌芽前1～2周采集。采集的枝条包好后吊在井中或放入冷窖内沙藏，若能用冰箱或冷库在5℃左右的低温下储藏则更好。

五、嫁接方法

嫁接方法按所取材料不同可分为枝接、芽接、根接三大类。

（一）枝接

枝接多用于嫁接较粗的砧木或在大树上改换品种。枝接时期一般在树木休眠期进行，特别是在春季砧木树液开始流动，接穗尚未萌芽的时期最好。此法的优点是接后苗木生长快、健壮整齐，当年即可成苗；缺点是需要接穗数量大，可供嫁接时间较短。枝接常用的方法有切接、劈接、插皮接、舌接、插皮舌接、腹接、靠接等。

1. 切接法

切接法一般用于直径2cm左右的小砧木，是枝接中最常用的一种方法。嫁接时先将砧木距地面5cm左右处剪断、削平，选择较平滑的一面，用切接刀在砧木一侧（略带木质部，在横断面上为直径的1/5～1/4）垂直向下切，深2～3cm。削接穗时，接穗上要保留 2～3 个完整饱满的芽，将接穗从距下切口最近的芽位背面，用切接刀向内切达木质部（不要超过髓心），随即向下平行切削到底，切面长 2～3cm，再于背面末端削成0.8～1cm的小斜面。将削好的接穗，长削面向里插入砧木切口，使双方形成层对准密接。接穗插入的深度以接穗削面上端露出0.2～0.3cm为宜（俗称露白），有利愈合成活。如果砧木切口过宽，可对准一边形成层，然后用塑料条由下向上捆扎紧密，使形成层密接和伤口保湿。嫁接后为保持接口湿度，防止失水干萎，可采用套袋、封土和涂接蜡等措施。具体如图4-1所示。

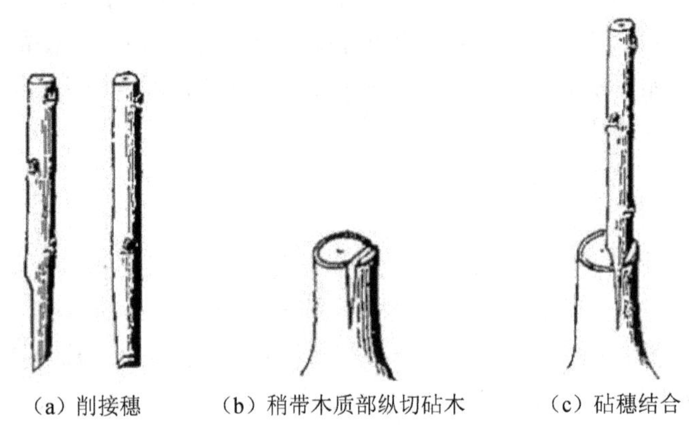

图4-1　切接法

2. 劈接法

劈接法适用于大部分落叶树种，通常在砧木较粗、接穗较小时使用。嫁接时先将砧木在离地面5～10cm处锯断，用劈接刀从其横断面的中心直向下劈，切口长约3cm，接穗削成楔形，削面长约3cm，接穗外侧要比内侧稍厚。接穗削好后，把砧木劈口撬开，将接穗厚的一侧向外，窄面向里插入劈口中，使两者的形成层对齐，接穗削面的上端应高出砧木切口0.2～0.3cm。当砧木较粗时，可同时插入2个或4个接穗。一般不必绑扎接口，但如果砧木过细，夹力不够，可用塑料薄膜条或麻绳绑扎。为防止劈口失水影响嫁接成活，接后可培土覆盖或用接蜡封口。具体如图4-2所示。

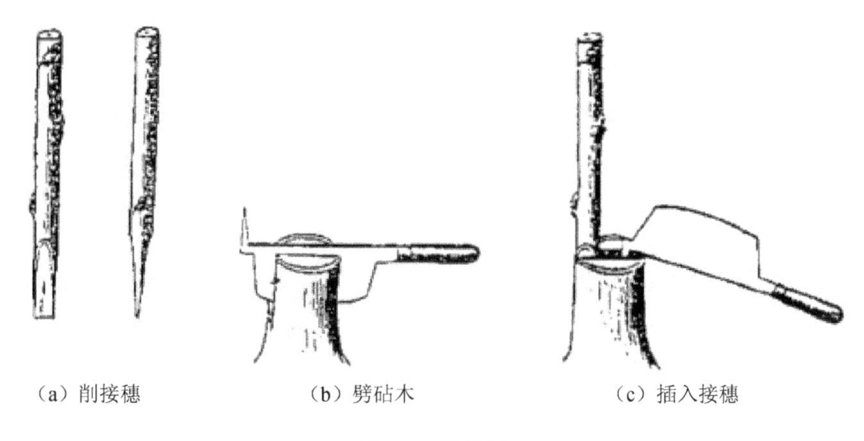

（a）削接穗　（b）劈砧木　（c）插入接穗

图 4-2　劈接法

3. 插皮接法

插皮接法是枝接中最易掌握、成活率最高的一种。要求在砧木较粗且易剥皮的情况下采用。一般在距地面 5～8cm 处断砧，削平断面，选平滑处，将砧木皮层划一纵切口，长度为接穗长度的 1/2～2/3。接穗削成长 3～4cm 的单斜面，削面要平直并超过髓心，厚 0.3～0.5cm，背面末端削成 0.5～0.8cm 的一小斜面或在背面的两侧再各微微削去一刀。接时，把接穗从砧木切口沿木质部与韧皮部中间插入，长削面朝向木质部，并使接穗背面对准砧木切口正中，接穗上端注意露白。如果砧木较粗或皮层韧性较好，砧木也可不切口，直接将削好的接穗插入皮层即可。最后用塑料薄膜条（宽 1cm 左右）绑扎。此法也常用于高接，如龙爪槐的嫁接和花果类树木的高接换种等。如果砧木较粗，可同时接上 3～4 个接穗，均匀分布，成活后即可作为新植株的骨架。具体如图 4-3 所示。

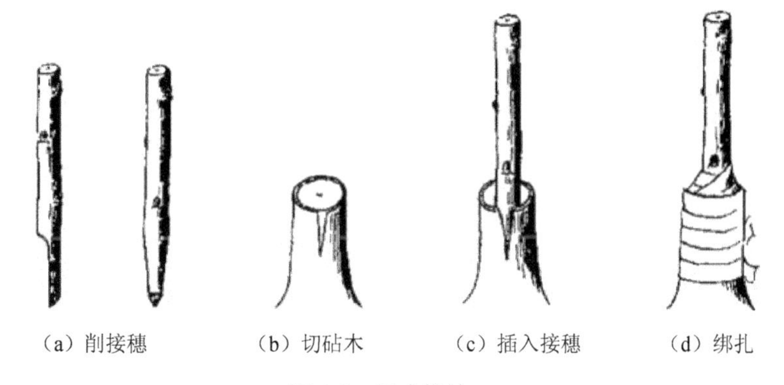

（a）削接穗　（b）切砧木　（c）插入接穗　（d）绑扎

图 4-3　插皮接法

4. 舌接法

舌接法适用于砧木和接穗 1～2cm 粗且大小粗细差不多的嫁接。舌接砧木、接穗间接触面积大，结合牢固，成活率高，在园林苗木生产上用此法高接和低接的都有。将砧木上端削成3cm长的削面，再在削面由上往下1/3处，顺砧干往下切1cm左右的纵切口，成舌状。在接穗平滑处顺势削3cm长的斜削面，再在斜面由下往上1/3处同样切1cm左右的纵切口，与砧木斜面部位纵切口相对应。将接穗的内舌（短舌）插入砧木的纵切口内，使彼此的舌部交叉起来，互相插紧，然后绑扎。具体如图4-4所示。

5. *插皮舌接法*

插皮舌接法多用于树液流动、容易剥皮而不适于劈接的树种。将砧木在离地面5～10cm处锯断，选砧木平直部位，削去粗老皮，露出嫩皮（韧皮）。将接穗削成5～7cm长的单面马耳形，捏开削面皮层，将接穗的木质部轻轻插于砧木的木质部与韧皮部之间，插至微露接穗削面，然后绑扎。具体如图4-5所示。

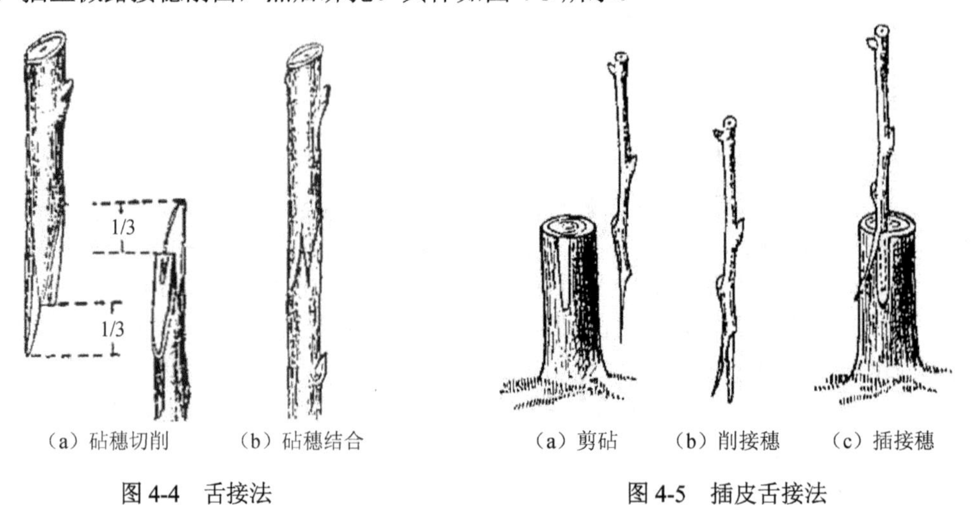

（a）砧穗切削　（b）砧穗结合

图4-4　舌接法

（a）剪砧　（b）削接穗　（c）插接穗

图4-5　插皮舌接法

6. *腹接法*

腹接法（图4-6）又分普通腹接及皮下腹接两种，是在砧木腹部进行的枝接。常用于针叶树的繁殖，砧木不去头，或仅剪去顶梢，待成活后再剪去接口以上的砧木枝干。

（1）普通腹接

接穗削成偏楔形，长削面长3cm左右，削面要平而渐斜，背面削成长2.5cm左右的短削面。砧木切削应在适当的高度，选择平滑的一面，自上而下深切一口，切口深入木质部，但切口下端不宜超过髓心，切口长度与接穗长削面相当。将接穗长削面朝里插入切口，注意形成层对齐，接后绑扎保湿。

（2）皮下腹接

皮下腹接即砧木切口不伤及木质部，将砧木横切一刀，再竖切一刀，呈“T”形切口。接穗长削面平直斜削，背面下部两侧向尖端各削一刀，以露白为度。撬开皮层插入接穗，绑扎即可。

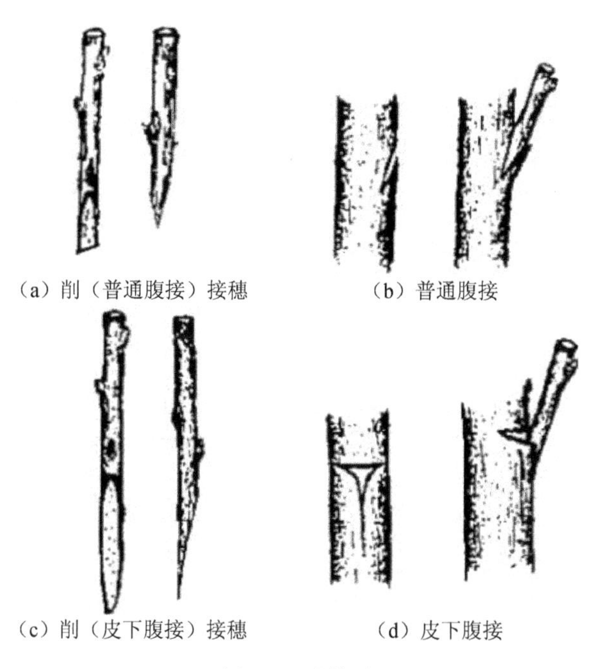

（a）削（普通腹接）接穗　（b）普通腹接

（c）削（皮下腹接）接穗　（d）皮下腹接

图 4-6　腹接法

7. 靠接法

靠接是特殊形式的枝接。靠接成活率高，可在生长期内进行。但要求接穗和砧木都要带根系，愈合后再剪断，操作麻烦。多用于接穗与砧木亲和力较差、嫁接不易成活的观赏树和柑、橘类树木。嫁接前使接穗和砧木靠近。嫁接时，按嫁接要求将二者靠拢在一起。选择粗细相当的接穗和砧木，并选择二者靠接部位。然后将接穗和砧木分别朝结合方向弯曲，各自形成“弓背”形状。用利刀在弓背上分别削 1 个长椭圆形平面，削面长 3～5cm，削切深度为其直径的 1/3。二者的削面要大小相当，以便于形成层吻合。削面削好后，将接穗、砧木靠紧，使二者的削面形成层对齐，用塑料条绑缚。愈合后，分别将接穗下段和砧木上段剪除，即成一棵独立生活的新植株。具体如图 4-7 所示。

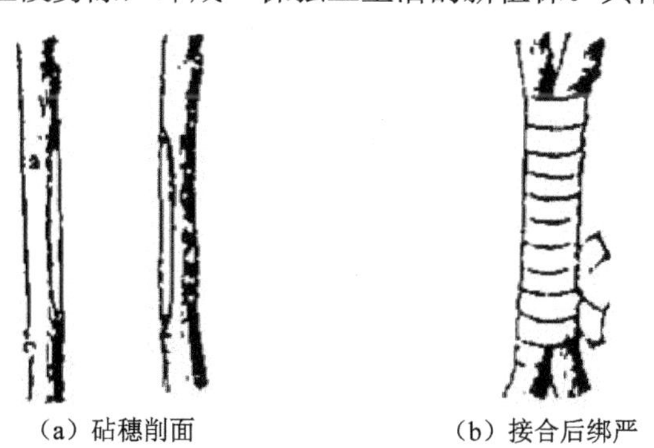

（a）砧穗削面　（b）接合后绑严

图 4-7　靠接法

（二）芽接

芽接是苗木繁殖应用最广的嫁接方法，是用生长健壮的当年生发育枝上的饱满芽做接芽，于春、夏、秋三季皮层容易剥离时嫁接，其中秋季是主要时期。根据取芽的形状和结合方式不同，芽接的具体方法有嵌芽接、“T”形芽接、方块芽接、套芽接等。而苗圃中较常用的芽接主要为嵌芽接和“T”形芽接。

1. 嵌芽接

嵌芽接又称为带木质部芽接。此法不受树木离皮与否的季节限制，且嫁接后接合牢固，利于成活，已在生产实践中广泛应用。嵌芽接适用于大面积育苗。

切削芽片时，自上而下切取，在芽的上部 1～1.5cm 处稍带木质部往下切一刀，再在芽的下部 1.5cm 处横向斜切一刀，即可取下芽片，一般芽片长 2～3cm，宽度不等，依接穗粗度而定。砧木的切法是在选好的部位自上向下稍带木质部削一与芽片长宽均相等的切面。将此切开的稍带木质部的树皮上部切去，下部留有 0.5cm 左右。接着将芽片插入切口使两者形成层对齐，再将留下部分贴到芽片上，用塑料带绑扎好即可。具体如图 4-8 所示。

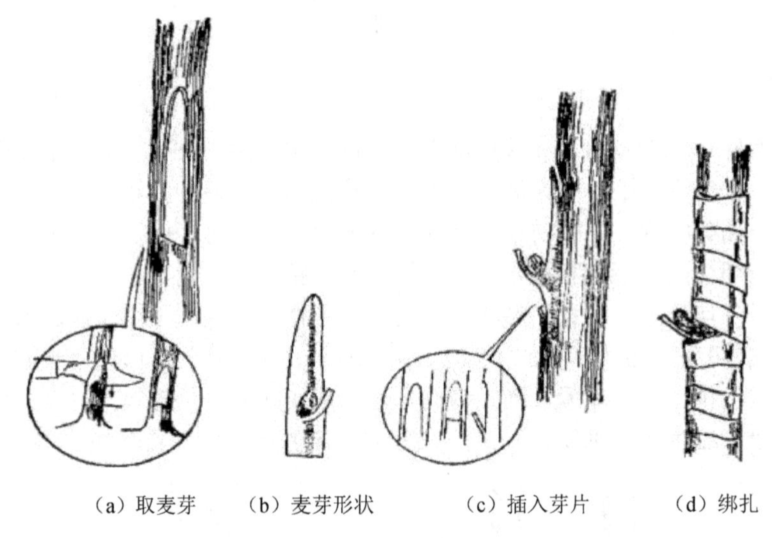

（a）取麦芽　（b）麦芽形状　（c）插入芽片　（d）绑扎

图 4-8　嵌芽接

2. “T”形芽接

“T”形芽接又称为盾状芽接、丁字形芽接，是育苗中最常用的芽接方法。砧木一般选用 1～2 年生的小苗。砧木过大，不仅皮层过厚不便于操作，而且接后不易成活。芽接前采当年生新鲜枝条为接穗，立即去掉叶片，留有叶柄。削芽片时先从芽上方 0.5cm 左右横切一刀，刀口长 0.8～1cm，深达木质部，再从芽片下方 1cm 左右连同木质部向上切削到横切口处取下芽，芽片一般不带木质部，芽居芽片正中或稍偏上一点。砧木的切法是距地面 5cm 左右，选光滑无疤部位横切一刀，深度以切断皮层为准，然后从横切口中央切一垂直口，使切口呈一“T”形。把芽片放入切口，往下插入，使芽片上边与“T”形切口的横切口对齐。然后用塑料带从下向上一圈压一圈地把切口包严，注意将芽和叶柄留在外面，以便检查成活。具体如图 4-9 所示。

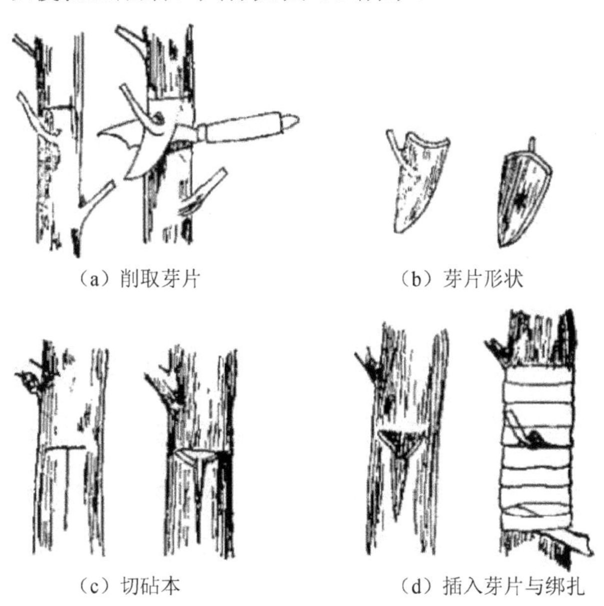
（a）削取芽片　（b）芽片形状　（c）切砧本　（d）插入芽片与绑扎

图 4-9　“T”形芽接

3. 方块芽接

方块芽接又称为块状芽接。此法芽片与砧木形成层接触面积大，成活率较高，多用于柿树、核桃等较难成活的树种。因其操作较复杂，工效较低，一般树种多不采用。其具体方法是取长方形芽片，再按芽片大小在砧木上切开皮层，嵌入芽片。砧木的切法有两种，一种是切成“]”形，称“单开门”芽接；一种是切成“I”形，称“双开门”芽接。具体如图 4-10 所示。

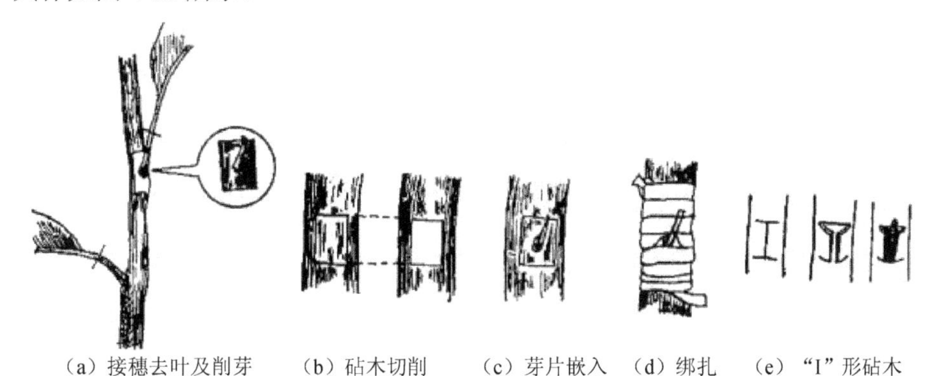
（a）接穗去叶及削芽　（b）砧木切削　（c）芽片嵌入　（d）绑扎　（e）“I”形砧木

图 4-10　方块芽接

注意：嵌入芽片时，使芽片四周至少有两面与砧木切口皮层密接，嵌好后用塑料薄膜条绑扎即可。

4. 套芽接

套芽接又称环状芽接。其接触面积大，易于成活，主要用于皮部易于剥离的树种，在春季树液流动后进行。具体方法是先从接穗枝条芽的上方1cm左右处剪断，再从芽下方1cm左右处用刀环切，深达木质部，然后用手轻轻扭动，使树皮与木质部脱离，抽出管状芽套。再选粗细与芽套相同的砧木，剪去上部，呈条状剥离树皮。随即把芽套套在木质部上，对齐砧木切口，再将砧木上的皮层向上包合，盖住砧木与接芽的接合部，最后用塑料薄膜条绑扎即可。具体如图4-11所示。

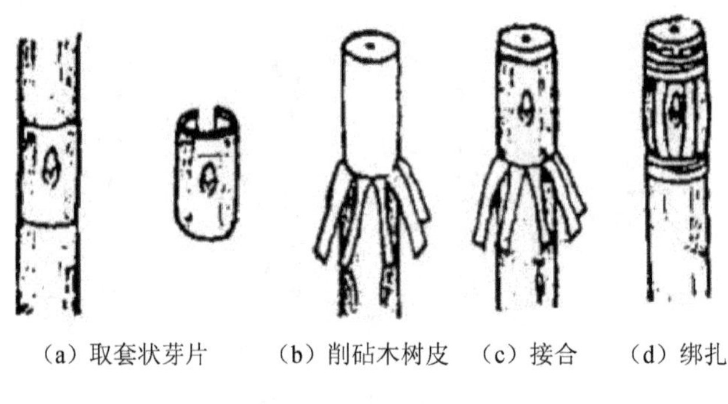

（a）取套状芽片　（b）削砧木树皮　（c）接合　（d）绑扎

图4-11　套芽接

（三）根接

用树根作为砧木，将接穗直接接在根上的嫁接方法称为根接。各种枝接法均可采用。根据接穗与根砧的粗度不同，可以正接，即在根砧上切接口；也可倒接，即将根砧按接穗的削法切削，在接穗上进行嫁接。具体如图4-12所示。

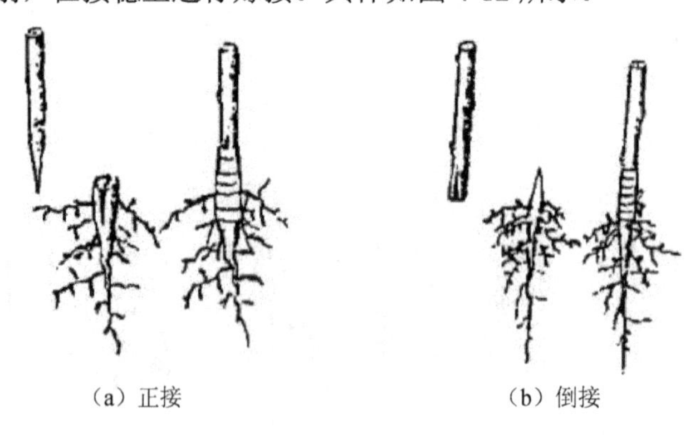

（a）正接　（b）倒接

图4-12　根接

六、嫁接后的管理

1. 检查成活率、解除绑缚物及补接

一般在枝接和根接后20～30天进行成活率的检查。成活后接穗上的芽新鲜、饱满，甚至已经萌发生长；未成活则接穗干枯或变黑腐烂。芽接一般7～14天即可进行成活率的检查，成活者的叶柄一触即掉，芽体与芽片呈新鲜状态；未成活则芽片干枯变黑。在检查时如发现绑缚物太紧，要松绑或解除绑缚物，以免影响接穗的发育和生长。一般当新芽长至2～3cm时，即可全部解除绑缚物。生长快的树种，枝接最好在新梢长到20～30cm 长时解绑。如果解绑过早，接口仍有被风吹干的可能。嫁接未成活应在其上或其下错位及时进行补接。

2. 剪砧、抹芽、除蘖

嫁接成活后，凡在接口上方仍有砧木枝条的，要及时将接口上方的砧木部分剪去，以促进接穗的生长。一般树种大多可采用一次剪砧，即在嫁接成活后，春季开始生长前，将砧木自接口处上方剪去，剪口要平，以利愈合。对于嫁接难成活的树种，可分两次或多次剪砧。

嫁接成活后，砧木常萌发许多蘖芽，为集中养分供给新梢生长，要及时抹除砧木上的萌芽和根蘖，一般需要除蘖2～3次。

3. 立支柱

嫁接苗长出新梢时，遇到大风易被吹折或吹弯，从而影响成活和正常生长。故一般在新梢长到5～8cm 时，紧贴砧木立一支柱，将新梢绑于支柱上。在生产上，此项工作较为费工，通常采取降低接口、在新梢基部培土、嫁接于砧木的主风方向等措施来防止或减轻风折。

第二节　草本植物嫁接

一、西瓜嫁接（插接法）

（一）嫁接方法

1. 嫁接准备

砧木播于营养钵中，接穗（西瓜）播种于穴盘或沙床上，砧木应比接穗早播3～5天，当砧木子叶出土后，即可催芽播种西瓜。当接穗两片子叶展平、心叶未出，砧木苗第一片真叶初现时为嫁接适宜期（图4-13）。

图4-13　嫁接准备

2. 操作步骤

1）先用刀片削去砧木生长点，然后用与接穗下胚轴粗细相同、尖端削成楔形的竹签，从砧木一侧子叶的主脉向另一侧朝下斜插深约 1cm，以不刺破外表皮，隐约可见竹签为宜，先不要拔竹签。

2）用刀片在接穗子叶下 1～1.5cm 处削成斜面长约 1cm 的楔形面。

3）迅速拔出砧木上的竹签，随即将削好的接穗插入孔中，使之与砧木插孔周围刚好贴合，接穗与砧木子叶呈“十”字形。为保证嫁接成活率，应先将接穗苗从穴盘或沙床中拔出，放在水碗中，保持干净、鲜嫩和吸胀状态；切削和斜插接穗动作要快、稳、准。有时在砧木插孔时竹签会插穿砧木胚轴，对成活率影响不大。具体如图 4-14 所示。

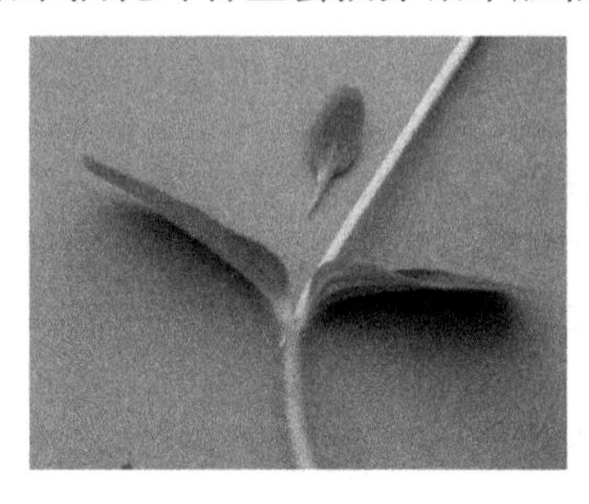
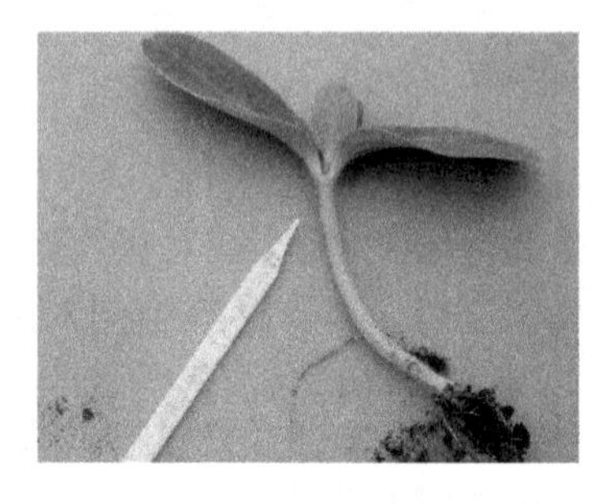

图 4-14　嫁接步骤

（二）嫁接苗的管理

嫁接是否成功，关键在于嫁接后的管理（图 4-15），应保证二者愈合所必需的温度、湿度等。

图 4-15　嫁接管理

1）保温。嫁接后前 3 天棚内温度白天保持 28～30℃，夜间保持 20℃左右；3 天后苗床温度白天保持 26～28℃，夜间保持 17～18℃；1 周后嫁接苗基本愈合，白天温度保持 25℃，夜间温度保持 15℃，10 天后按普通苗床进行温度管理。

2）保湿。嫁接苗置于苗床后应浇透底水，密闭拱棚 2～3 天，保持棚内空气湿度在 95%以上。约 1 周后嫁接苗基本成活，可按正常苗进行湿度管理。

3）遮光。嫁接后小拱棚用遮光物覆盖，防止植株因高温蒸腾过强而引起萎蔫，3 天后可早、晚揭去遮光物，之后视苗情逐渐增加光照，延长透光时间，1 周后可以完全撤去遮光物。

4）通风换气。嫁接后的头两天，苗床需保温保湿，不能进行通风；3 天后早、晚可揭开薄膜两头换气 1～2 次；5 天后嫁接苗新叶开始生长，应逐渐增加通风量；1 周后嫁接苗基本成活，可按一般苗床进行管理；20 天后可以定植到大田，定植前应炼苗 3～5 天，防止嫁接后的幼苗发生徒长。

5）抹除砧木侧芽。砧木切除生长点后仍有侧芽陆续萌发，应及时抹除，以防消耗苗体的养分，影响接穗的正常生长。抹芽操作动作要轻，以免损伤子叶和松动接穗。

二、黄瓜嫁接（顶接法）

（一）嫁接方法

1. 嫁接准备

黄瓜接穗苗播种后 3～9 天，子叶已充分开展，是嫁接的最佳时期。应严格把握接穗的嫁接适期，育苗数量大时，可分期播种、分批嫁接。

2. 操作步骤

1）砧木用刀片或竹签刃去掉生长点及两腋芽（图 4-16）。在离子叶节 0.5～1cm 处的胚轴上，使刀片与茎呈 30°～40°向下切削至茎的 1/2，最多不超过 2/3，切口长 0.5～0.7cm（不超过 1cm）。要严格把握切口深度，切口太深易折断，太浅会降低成活率。

图 4-16　去掉生长点及两腋芽

2）在接穗子叶下节下 1～2cm 处，自下而上呈 30°切削至茎的 1/2 深，切口长 0.6～0.8cm（不切断苗且要带根），切口长与砧木切口长短相等（不超过 1cm），如图 4-17 所示。

图 4-17　切削接穗

3）砧木和接穗处理完后，一手拿砧木，另一手拿接穗，将接穗舌形楔插入砧木的切口里（图 4-18），然后用嫁接夹夹住接口处或用塑料条带缠好，并用土埋好接穗的根，20 天左右切断接穗基部。

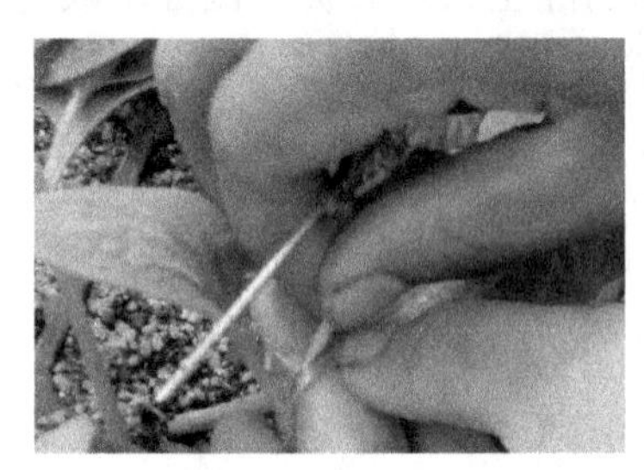

图 4-18　将接穗舌形楔插入砧木的切口里

（二）嫁接苗的管理

1）保湿。保湿是嫁接成败的关键措施，嫁接苗移栽到营养钵后，要立即喷水。用塑料小拱棚保湿，使棚内湿度达到饱和，即在扣棚第二天膜上有水滴，3～4 天后可适度通风降湿。初始通风量要小，以后逐渐加大，一般 9～10 天后进行大通风，若发现秧苗萎蔫，应及时遮阴喷水，停止通风。

2）控温。嫁接后 3 天内是形成愈伤组织及交错结合期。小棚内温度应保持在 25～30℃，不超过 30℃，夜间温度 18～20℃，不低于 15℃。嫁接后 3～4 天开始通风，棚内白天温度 25～30℃，夜间温度 15～20℃。定植前 7 天，可降温至 15～20℃。

3）遮光。嫁接后 3 天内，中午温度过高、光照过强时，必须用遮阳网或草帘遮阴降温，防止接穗失水而萎蔫。早晚可去掉遮阴物，使嫁接苗见光。并注意开棚检查，切口未对上的重新对好，黄瓜苗有萎蔫的可重新补接上。嫁接第 4 天起可早晚各见光 1h 左右，一般 7 天后就可全见光了。

4）去腋芽。嫁接时，若砧木生长点和腋芽没彻底去干净，会萌出新芽，因此，在苗床开始通风后，要及时去掉，以保证嫁接苗的成活率和正常生长。

5）断根。靠接法嫁接的黄瓜苗，在嫁接后 10～12 天，用刀片将黄瓜幼苗茎在接合处的下方切断，并拔出根茎。断根晚，黄瓜根系在土中易遭受枯萎病菌侵染，病菌可向上侵染达 1m 左右，使嫁接失败。嫁接苗如图 4-19 所示。

图 4-19　嫁接苗

三、蟹爪兰嫁接

砧木宜选用耐寒且生长健壮的仙人掌、量天尺或虎刺，其中用 1～2 年生、高大肥厚的黑大刺仙人掌嫁接的蟹爪兰生长较为健旺。在 5～6 月和 9～10 月进行嫁接最好。

1）用泡过酒精的药棉分别给裁纸刀、嫁接苗、仙人掌消毒（图 4-20）。这个步骤很重要，缺一不可，不然伤口处会腐烂。

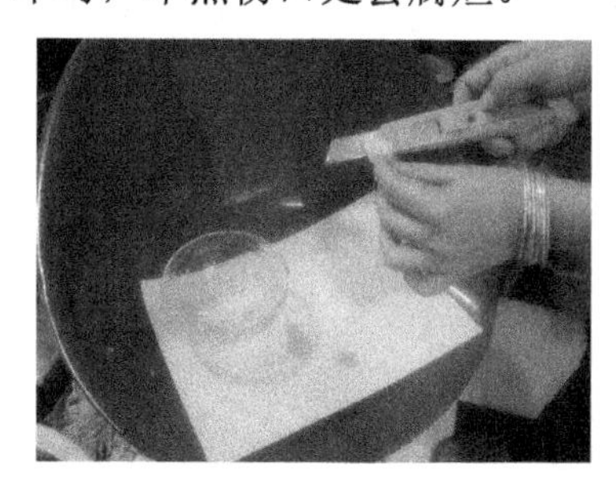

图 4-20　消毒

2）待酒精干后，就可以开始给嫁接苗去表皮了，一般去掉 0.8～1cm 的表皮，两面都要去皮（图 4-21）。

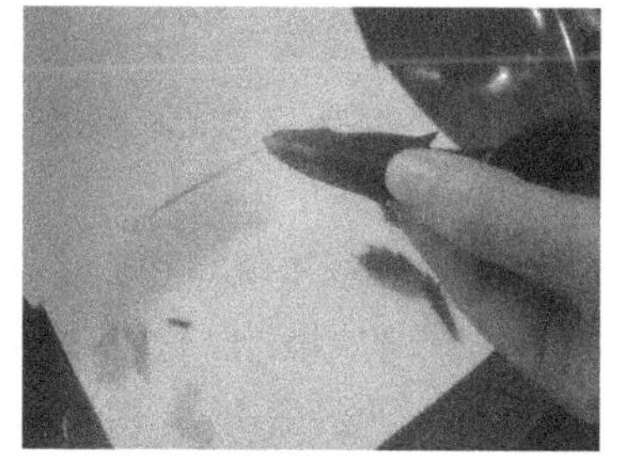

图 4-21　去皮

注意：去表皮时，不能削太长，不然会有伤口留在外面，嫁接苗会腐烂，同时也不能削太厚，不能伤到嫁接苗中间的茎干，不然就会变软，不容易嫁接，还会影响生长和美观效果。

3）给消过毒部分的仙人掌开口（图 4-22），用裁纸刀尖头向下切，切口应呈里面小、外面宽的倒三角形，深度一般在 2～3cm，外面的宽度一般在 2～3cm（具体应视嫁接苗的宽度来定）。

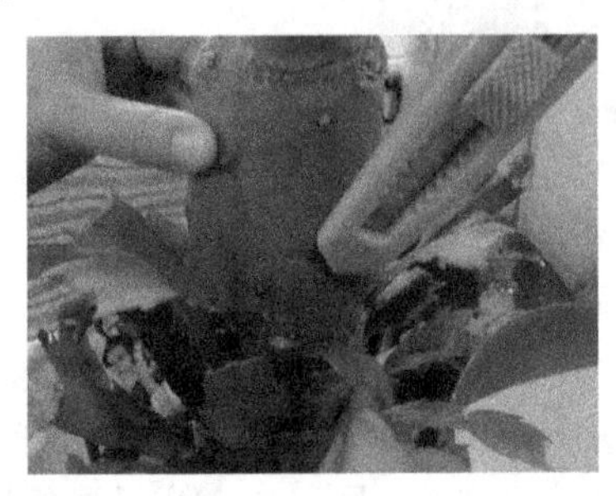

图 4-22　给仙人掌开口

4）把嫁接苗插入切口（图 4-23），注意不要太用力，不然嫁接苗会断。一般可用裁纸刀阔一下切口，然后快速地插入嫁接苗。

图 4-23　把嫁接苗插入切口

注意：一定要让嫁接苗的切口完全进入仙人掌的切口，不能有伤口露在外面。插入后，可以用手轻轻拽一下嫁接苗，如果感觉很紧又不会晃动，表示吻合很好，然后用手用力按住切口 3s，观察嫁接苗有没有被挤出。如果没有，表示成功；如果被挤出，表示吻合不好，可拔出，重新插。

5）完成以上 4 步，基本就算完成这次简易嫁接了。如果不想让仙人掌再长高，可以把顶端削掉，用同样的方法开口插入嫁接苗。

嫁接后放阴凉处，若接后 10 天接穗仍保持新鲜挺拔，即已愈合成活。

实训　植物嫁接繁殖

一、实训目标

学生通过本次实训，能够进一步熟悉嫁接育苗技术要点，学会枝接、芽接，以及接后的管理等技能，并掌握提高嫁接成活率的关键技术。

二、实训场所

校园园林温室内。

三、实训形式

学生以小组形式在教师指导下分地块进行嫁接育苗实训。

四、实训材料

1）植物材料：西瓜、黄瓜、蟹爪兰等。
2）用具：修枝剪、芽接刀、切接刀、剪刀、手锯、高枝剪、双刃芽接刀、油石、塑料薄膜、湿布、石蜡。

五、实训内容与方法

（1）芽接
1）实训时间：6月中旬～7月下旬。
2）剪穗。选生长健壮、无病虫害、性状优良的植株做采穗母树。剪取母树树冠外围中上部向阳面当年生枝做接穗。采穗后要立即去掉叶片，只留叶柄，注意保湿。
3）嫁接方法。主要用“T”形芽接、嵌芽接和方块芽接。
4）嫁接技术。切削接穗中上部饱满芽，基部和顶部芽不宜使用。切削砧木与插穗时，切削面要平滑，大小要吻合，绑扎要紧密，叶柄要露出。
5）接后管理。要及时剪梢或扭梢，2周内检查成活并适时补接，要及时解绑和抹芽。
（2）枝接
1）枝接时期：2月下旬～4月中旬。
2）剪砧。枝接前对苗圃播种的1～2年生的实生苗进行剪砧，在距地面10cm左右剪去砧木，并将截面削平。
3）采穗。从优良母树的树冠外围中上部剪取生长健壮、芽尚未萌动的一年生枝条，或利用秋冬剪取经储藏的枝条做接穗。枝接时接穗一般剪成8cm长左右，接穗上有3个以上的饱满芽，上剪口离上芽0.5cm。
4）嫁接方法。主要练习劈接、切接、腹接、插皮接、髓心形成层对接等嫁接技能。

5）嫁接技术。切削接穗时，削面要平滑；砧木和接穗的形成层至少有一侧要对齐；勿将接穗插到底，要“露白”。劈接时插穗稍厚的一侧朝外。

6）接后管理。适时检查成活、补接、解绑、剪砧、抹芽、立支柱等。

六、实训报告

记载嫁接时间、地点，使用的砧木、接穗，嫁接的方法、数量；统计和比较各种嫁接方法的成活率；总结经验，分析影响嫁接成活率的因素，并填写嫁接记录表（表 4-1）。

表 4-1　校园温室植物嫁接记录表

嫁接方法	嫁接日期	砧木种类	接穗品种	嫁接株数	嫁接成活株数	成活率/%	备注

参考文献

罗镪，齐伟，2012．花卉生产技术[M]．2 版．北京：高等教育出版社．
张建国，王小林，2014．绿化苗木繁育与销售[M]．北京：高等教育出版社．